Der Seehafen von Bangkok
(Thailand)

Von

Dr. Ing. A. Agatz
ord. Professor an der Technischen Hochschule Berlin
Hafenbaudirektor a. D.

Mit 86 Textabbildungen

Springer-Verlag Berlin Heidelberg GmbH 1941

ISBN 978-3-662-27651-8   ISBN 978-3-662-29141-2 (eBook)
DOI 10.1007/978-3-662-29141-2

Vorwort.

Durch das Vertrauen des Herrn Wirtschaftsministers, S. E. Colonel Phra Boribhandh Yuddhakich, zu der im nachstehenden geschilderten Aufgabe der Anlage eines modernen Seehafens in Bangkok mit Zugang zum Meere berufen, folge ich gern dem Wunsche des Herrn stellvertretenden Präsidenten des Hafenkomites, S. E. Erziehungsminister Rear-Admiral Luang Sindhu Songgramjai. R. N., die Vorgeschichte und Grundlagen des Generalplanes zu veröffentlichen.

Nach Fertigstellung der Bauarbeiten wird dann der zweite Abschnitt der Veröffentlichung über den Ausbau selbst mit den gewonnenen Erfahrungen folgen.

Es ist mir eine angenehme Pflicht, an dieser Stelle dem früheren Ministerpräsidenten und jetzigem Staatsältesten S. E. Generalmajor Phya Bahol Bholbhayuhasena, dem jetzigen Ministerpräsidenten, S. E. Generalmajor Luang Pibul Songgram, dem Ministerrat und besonders dem Herrn Wirtschaftsminister S. E. Colonel Phra Boribhandh Yuddhakich, dem Herrn Erziehungsminister und Admiralstabschef S. E. Rear-Admiral Luang Sindhu Songgramjai, R. N. (Royal Navy), den Herren des Hafenkomitees, Captain Phra Chakra Nukornkich, R. N., Captain Phra Vichitr Navi, R. N., Phra Bisal Sukhumvidhya, Generaldirektor der öffentlichen Arbeiten, (Director-General of Municipal Works), und Luang Videt Yontrakich, Vorstand der technischen Abteilung der Staatsbahnen (Head of Technical Division, Royal State Railways,) meinen Dank abzustatten für das große Vertrauen und verständnisvolle Entgegenkommen während meiner Arbeiten für den Hafen.

Ich schätze mich glücklich, das schöne Thailand mit seiner friedfertigen und genügsamen Bevölkerung kennengelernt zu haben und an den großen Aufgaben, die der Ministerrat für den Ausbau des Landes und die Förderung seines Handels und Verkehrs sich gestellt hat, zu einem kleinen Teil mitarbeiten zu dürfen. Mögen viele friedliche Jahre diesem Lande und seiner tatkräftigen Regierung unter dem jetzigen König beschieden sein, um das erstrebte Ziel zu erreichen.

Ich danke dem Herrn Generaldirektor der Hafenverwaltung, Commander Phra Bhar Smudh, R. N., der mir bei den umfangreichen Vorarbeiten und bei der Feststellung der technischen und wirtschaftlichen Verhältnisse des derzeitigen Hafens stets seine wertvolle Hilfe angedeihen ließ.

Dankbar gedenke ich meines engsten Thai-Mitarbeiters, des Chefingenieurs für den Hafenausbau, Herrn Luang Prasert Vithirath, der mich durch seine örtlichen Kenntnisse und Erfahrungen weitgehend bei der Gestaltung des Hafenplanes und des Hafenausbaues unterstützt hat.

Ferner danke ich meinen Thai-Mitarbeitern für den Menamausbau, Commander Luang Subhi Udokadhar und Senior Lieutenant Sanid Mahakita, R. N., die in verständnisvoller Einfühlung in ihre neuen Aufgabengebiete die schwere Aufgabe der vielseitigen und umfangreichen Einzeluntersuchungen übernommen haben.

In meinem Berliner Büro halfen mir beim Ausarbeiten der Einzelpläne und Berechnungen meine Mitarbeiter Dipl.-Ing. Lackner, Dipl.-Ing. Jung und cand. ing. Meinhardt unter Führung meines langjährigen Hochschulassistenten Reg.-Baumeister a. D. Dr.-Ing. habil. Edgar Schultze.

Herr Professor Dr. Wilhelm Müller, Berlin, beriet mich dankenswerterweise bei der Planung der Hafenbahnanlagen, Herr Oberbaurat a. D. Wundram, Hamburg, bei der maschinellen und elektrischen Ausrüstung.

Im Juli 1939 wurde auf meinen Vorschlag hin Herr Baurat a. D. Schwatke als weiterer beratender Ingenieur für den Ausbau des Hafens und die Menamregulierung mit Barrendurchstich vom Wirtschaftsministerium angestellt. Es ist mir eine Freude, in Herrn Schwatke, meinem alten Mitarbeiter beim Ausbau des Seehafens II in Bremen, eine tatkräftige Hilfe bei der Durchführung der umfangreichen Bauarbeiten gefunden zu haben.

Herrn P. Lamszies, Bangkok, und Herrn W. Meineke, Kalkutta, danke ich für die schwierige Arbeit der Übersetzung dieser Veröffentlichung in die englische Sprache.

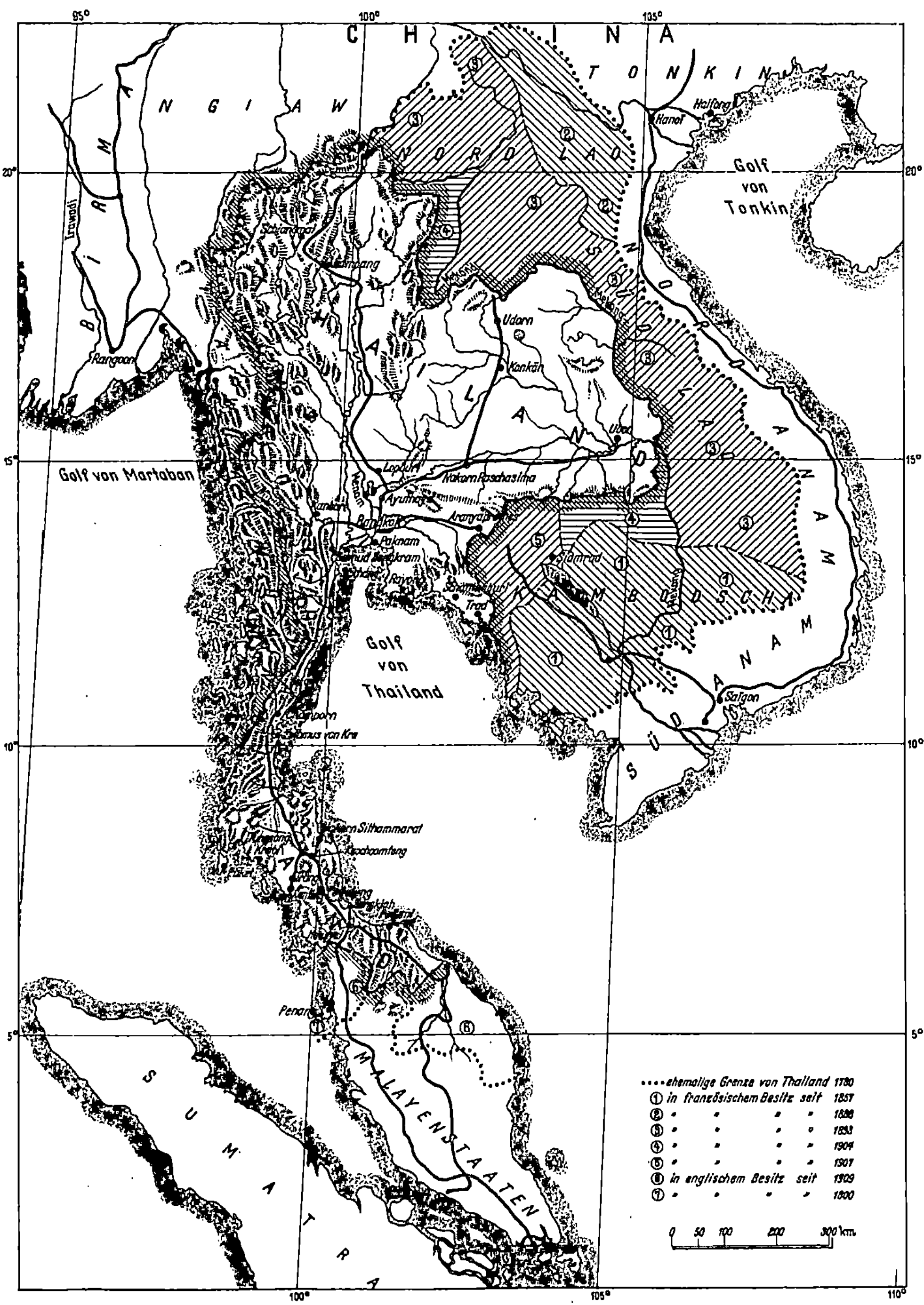

Abb. 1. Karte von Thailand mit den historischen Grenzen.
Die neuen Grenzen Thailands, die durch den Vertrag von Tokio vom 11. März 1941 gegen Franz.-Indochina festgelegt wurden, bedeuten eine Rückgliederung der Gebiete 4 und 5 mit einigen Ausrundungen am Tale Sab, der ganz im französischen Gebiet verbleibt.

So steht auch über diesem Werk, das nunmehr in die Tat umgesetzt wird, wiederum der Leitgedanke der Gemeinschaftsarbeit und das Vertrauen aller zueinander. Aus den Weiten des Erdballs durch das Schicksal zusammengeführt, sind wir aus Freude an der Arbeit, aus Liebe zur Heimat und in dem Bestreben, das Beste zu schaffen, ans Werk gegangen.

Möge der Erfolg in technischer und wirtschaftlicher Hinsicht unsere Zusammenarbeit krönen.

1. Die Handelsstatistik von Thailand.

a) Allgemeines.

Das Königreich Thailand erstreckt sich von 6°—20° nördlicher Breite und von 97°—106° östlicher Länge und hat eine Flächengröße von rd. 513000 km². Seine größte Länge ist rd. 1650 km und seine größte Breite rd. 770 km. Die Küste am Golf von Thailand ist rd. 1930 km und am Indischen Ozean rd. 490 km lang (Abb. 1).

Die Bevölkerung beträgt zur Zeit rd. 14,5 Mill. Einwohner und hat sich in dem Zeitraum von 1911—1937 um rd. 6,3 Mill., d. h. um rd. 77 vH vermehrt.

Von den rd. 7,5 Mill. arbeitender Bevölkerung sind 84 vH mit Ackerbau und Viehzucht beschäftigt (Zahlentafel 1). Der Rest von rd. 1,2 Mill. verteilt sich auf die anderen Berufe. Schon hieraus geht hervor, welche überragende Bedeutung gerade die Landwirtschaft — insbesondere der Reis — in dem Staatshaushalt und im Handel und Wandel haben muß.

Zahlentafel 1.
Zusammensetzung der arbeitenden Bevölkerung nach der Beschäftigung.

Art der Berufstätigkeit	Anzahl
Beamte	82 853
Fischer	93 967
Freie Berufe und unabhängige Arbeiter	164 526
Hausangestellte u. a.	367 105
Handel	503 839
Landwirtschaft	6 245 358
insgesamt	7 457 648

Das Land ist in 70 Provinzen eingeteilt, die von Gouverneuren verwaltet werden und dem Innenminister unterstehen. In früherer Zeit waren 4—9 Provinzen in sog. „Circles" (10 an der Zahl) zusammengefaßt.

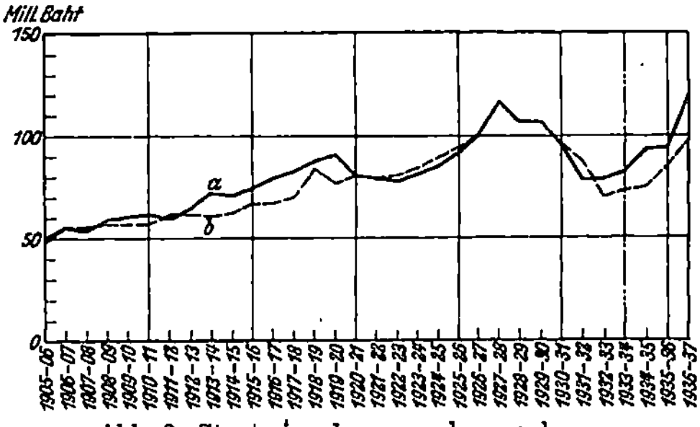

Die Einnahmen und Ausgaben der Regierung sind über einen Zeitraum von rd. 30 Jahren in Abb. 2 zusammengestellt, sie zeigen einmal steigende Tendenz, sind andererseits aber auch stark abhängig von dem Werte der jährlichen Reisausfuhr. Mit der Einführung eines verantwortlich geführten Regierungssystems im Jahre 1932/33[1] wachsen die Einnahmen, während die verminderten Staatsausgaben die vorsichtige Regierungsführung veranschaulichen.

Das Klima des Landes hat tropischen Charakter. Die mittlere Jahrestemperatur über 40 Jahre beträgt 27,3°, die maximale Temperatur im Mittel 31,8°, die minimale im Mittel 23,4° C. Der Regenfall beträgt im Jahresmittel über 40 Jahre 1429,6 mm an 135,8 Tagen (Zahlentafel 2).

Abb. 2. Staatseinnahmen und -ausgaben.
a = Einnahmen,   b = Ausgaben.

Zahlentafel 2.
Wetterkundliche Beobachtungen.

Zeitspanne	Mittlere Jahrestemperaturen in ° Celsius			Jährliche Regenmengen in mm			I. M. Regentage
	Max.	I. M.	Min.	Max.	I. M.	Min.	
1859—68 . . .	31,3	26,6	23,5		1448,8		143
1905—14 . . .	33,3	28,3	23,0	1832,1	1452,9	1167,1	136,9
1915—24 . . .	31,6	27,7	23,2	1714,8	1348,0	867,1	138,9
1925—34 . . .	31,8	28,1	23,6	1827,7	1430,4	1164,8	101,7
1905—34 . . . (30 Jahre)	32,3	28,0	23,3	1791,5	1410,4	1066,3	128,6

Die Hauptregenzeit erstreckt sich in Bangkok mit kleinen Schwankungen von Mai/Juni bis September/Oktober, wobei die Hauptregenfälle in den Monaten

[1] Bis zum 1. 1. 1941 begann die Zeitrechnung in Thailand mit dem 1. April. Am 1. 1. 1941 wurde der Jahresbeginn auf den 1. Januar vorverlegt. Dem Jahre 1941 entspricht das Jahr 2484 B. E. (nach Buddhas Tod). Da die Statistik nach der Thaizeitrechnung geführt wird, erscheinen im folgenden immer Doppeljahre, z. B. 1932/33 für 2475 B. E.

August und September zu verzeichnen sind. Die kühle trockene Jahreszeit liegt in den Monaten November—Dezember—Januar, die trockene heiße Jahreszeit im Februar, März und April.

Das ganze Klima und die Witterung des Landes sind von dem Nord-Ost und dem Süd-West Monsun beeinflußt.

Das Gewichts- und Maßwesen Thailands verwendet die folgenden Einheiten:

Zahlentafel 3: Maße und Gewichte Thailands

1. Gewichte:		3. Flächenmaße:	
1 Standard Picul	= 60 kg	1 Rai	= 1600 m²
1 „ Katty	= 600 g	1 Ngan	= 400 m²
1 „ Karat	= 2 g	1 Square Wa	= 4 m²
2. Längenmaße:		**4. Raummaße:**	
1 Sen	= 40 m	1 Standard Kwien	= 2 m³
1 Wa	= 2 m	1 „ Ban	= 1 m³
1 Sok	= 0,5 m	1 „ Sat	= 20 l
1 Keup	= 0,25 m	1 „ Tanan	= 1 l

5. Währung:

1 Baht (auch Tical) = 100 Satang = 1,87 RM (Goldkurs, bis 1932). Seit 1932 gehört die thailändische Währung zum Sterlingblock: 11 Baht = 1 £. Tageskurs Ende 1940: 1 Baht etwa 1 Reichsmark.

b) Die Ausfuhrerzeugnisse Thailands.

Thailand ist in überwiegendem Maße ein Agrarland (Abb. 3). An erster Stelle steht der Reis, der im Nordosten, im mittleren Landesteil im Menam-Einflußgebiet, im Norden und zum kleineren Teil im Süden gepflanzt wird. Baumwolle, Seide, Pfeffer, Tabak, Erbsen, Mais, Sesam, Kaffee werden nur vereinzelt und in geringerem Umfange angebaut und dementsprechend nur wenig ausgeführt. Baumwolle kann bei planmäßigem Anbau noch einmal eine größere Bedeutung erlangen, da Boden und Klima besonders im Norden hierfür geeignet sind.

Neben dem Ackerbau hat die Viehzucht — Rindvieh, Pferde, Schweine, Federvieh — Bedeutung. Leider hat der Viehbestand durch die Rinderpest stark gelitten.

Für die Ausfuhr von Bedeutung ist auch der Kautschuk, der in ausgedehnten Plantagen besonders im Süden gewonnen wird.

Fährt man mit der Bahn durch das Land, so fällt sofort der gewaltige Reisanbau auf, der in der Hauptsache von den genügsamen Reisfarmern und zwar als Plandorfwirtschaft betrieben wird, d. h. das gesamte Dorf beackert, pflanzt und erntet gemeinsam die den einzelnen Bauern gehörigen Felder. Es gibt wohl kaum auf der Welt eine schwierigere und schwerere Landarbeit als die des Reisbaues.

Trotz der geringen Gelderträge lebt der Reisbauer zufrieden, und es gibt schwerlich ein friedlicheres Bild als die Pflanz- oder Erntearbeit auf den Feldern. Von Bambusbüschen umgeben, liegen die schilfgedeckten Farmerhäuschen mit dem Vorrats- und Viehstall sauber in der grünen Landschaft, in die eine Reise mit dem Flugzeug den besten Überblick gewährt.

Neben diesen landwirtschaftlichen Erzeugnissen haben Zinn und Teakholz sowie die Kokosnuß im Ausfuhrhandel des Landes Bedeutung. Das Teakholz wird in den ausgedehnten Gebirgswäldern des Nordens gewonnen und auf den Nebenflüssen und dem Hauptfluß Menam selbst nach Bangkok geflößt. Eine vorsorgliche Forstwirtschaft sorgt dafür, daß kein Raubbau getrieben wird. Neben dem Teakholz gibt es noch eine große Anzahl anderer Hart- und Nutzhölzer, die zum Teil der weiteren Ausnutzung harren.

Das Zinn wird hauptsächlich im Süden des Landes, und zwar neuerdings mit Hilfe großer Schwimmbagger gewonnen, denen gegenüber die ältere einfachere Gewinnungsart zurückgetreten ist. Auch das Zinn wird ausgeführt und würde bei den ausgedehnten Lagerstätten des Landes eine noch viel größere Bedeutung haben, wenn der Zinnwelthandel nicht quotenmäßig beschränkt wäre.

Die Kokosnußpflanzungen liegen zum größeren Teil im Süden des Landes.

Neben dem Zinn wird noch in kleinerem Maße Wolfram gewonnen. Lagerstätten an Eisenerzen, Gewinnungsmöglichkeiten von Holzkohle sind in genügendem Umfange vorhanden und werden, dem geologischen Aufbau besonders der südlichen Halbinsel des Landes entsprechend, noch in größerem Umfange gefunden werden, wenn erst einmal diese Gebiete durch Straße und Eisenbahn aufgeschlossen sind. Das ist meiner Ansicht nach gerade der ungeheure Vorteil des Landes, daß die Naturerzeugnisse und Bodenschätze erst zu einem geringen Teil ausgenutzt sind, also für die Zukunft noch eine erhebliche Bedeutung gewinnen werden, je mehr in anderen Teilen der Welt die Rohstoffe bereits abgebaut sind und ihre Vorräte übersehen werden können.

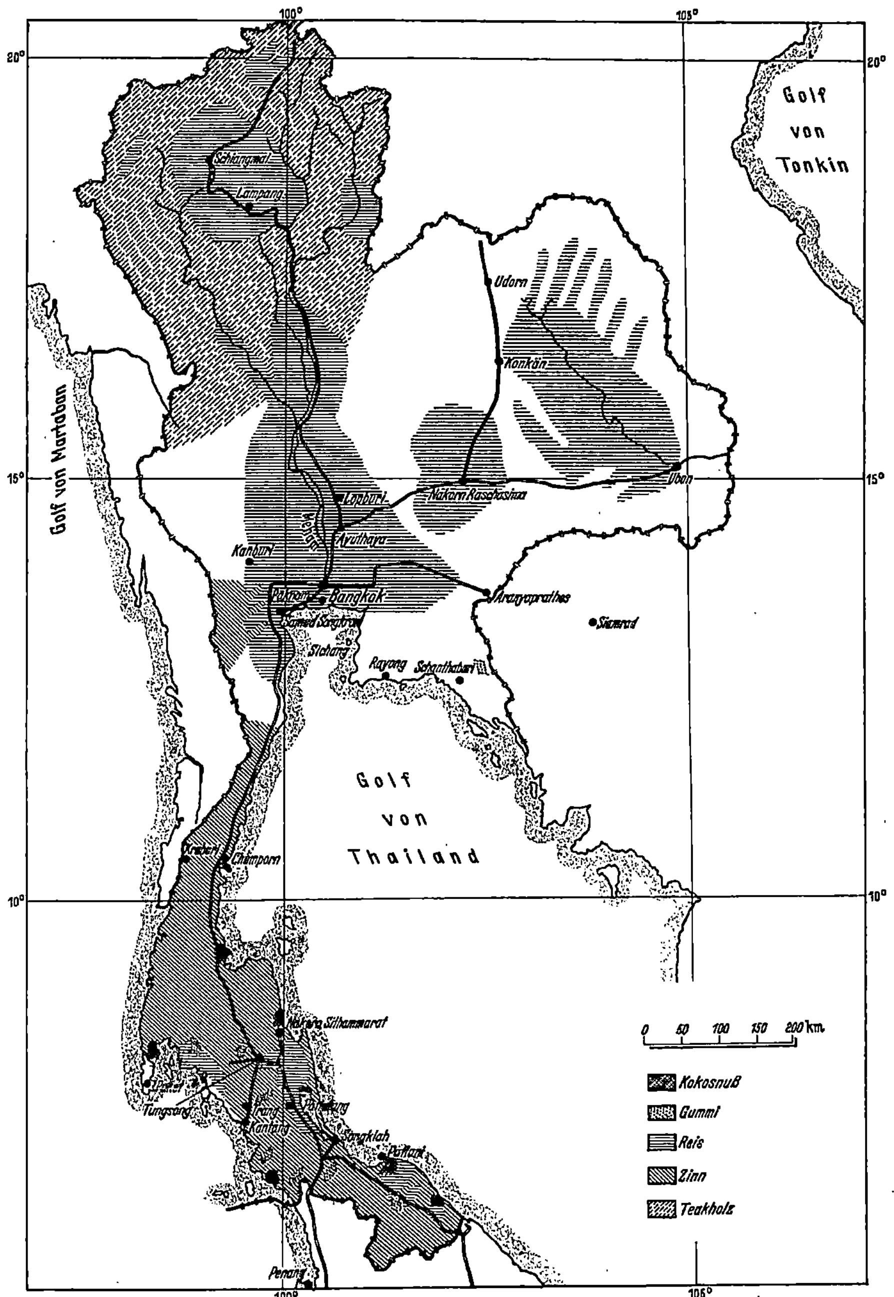

Abb. 3. Wirtschaftskarte von Thailand.

Auch hinsichtlich des Ölvorkommens neige ich keineswegs einer pessimistischen Auffassung zu.

Bedeutsam ist, daß von den Haupthandelsgütern der Reis wohl im Eigenbetrieb der Farmer gewonnen wird, aber der eigentliche Reishandel mit den Reismühlen hauptsächlich in den Händen der Chinesen liegt. Hier hat allerdings die Regierung klar die Ausnutzung der Notlage der Farmer durch das Vorrecht der chinesischen Händler erkannt und ist dabei, den Reisfarmern durch Bildung von Genossenschaften zu Hilfe zu kommen und auch die Mühlen allmählich in Thaihände überzuführen. Gewiß ist dazu noch ein gehöriges Stück Arbeit, mit entsprechender Zeitspanne, aufzuwenden, jedoch sprechen die bisherigen Entschlüsse für den späteren Erfolg[1].

Wenn man, wie später im einzelnen bei der Ausfuhrübersicht noch ausgeführt wird, erkennt, welches Kapital jährlich durch die Reisausfuhr umgesetzt wird, dann sieht man, wie wichtig es ist, daß die teilweise Notlage der Reisfarmer, die zum Teil ihren Reis schon auf dem Halm dem Chinesen verkaufen müssen, nicht nur zu ihrem Vorteil geändert, sondern daß auch die Nutznießung des ausgedehnten Reishandels in Thaihände übergeführt wird. Hierzu gehört auch die Anlage von neuzeitlichen Reismühlen, die zweckmäßigerweise in dem Hauptausfuhrhafen Bangkok angelegt werden, da die Lagerung und Beförderung von Rohreis (Paddy) leichter und ohne Verderb erfolgen kann, als von gemahlenem Reis in Säcken. Eine andere Frage ist die des Baues von Eisenbetonsilos für Rohreis, die nicht nur in Bangkok, sondern auch im Lande selbst zahlreich zu errichten sind, um einmal den Paddy länger und in größeren Mengen zu lagern, ohne daß ein großer Teil verdorben wird, und um Monate mit schlechter Preislage besser überbrücken zu können.

Hand in Hand hiermit wird späterhin auch die Beförderungsfrage auf der Eisenbahn und vor allem auf dem Wasserwege mit Barken größeren Fassungsraumes gelöst werden.

Bei der Gewinnung von Teakholz sind es hauptsächlich ausländische — englische, dänische, holländische — Firmen, die in ihren Konzessionen das Teakholz, das nicht in geschlossener Waldform, sondern vereinzelt in den Wäldern wächst, gewinnen. Die Regierung hat hier Vorsorge getroffen, daß eine ordnungsgemäße Nutzung des Waldes erfolgt. Der Einschlag ist daher genau begrenzt. Daß bislang nur große ausländische Firmen das Nutzungsrecht erhalten haben, liegt in der Teakholzgewinnung und dem Teakholztransport mit langer Zeitdauer begründet, die erhebliches Kapital bedingen. Da das Hauptvorkommen im Norden noch im Einflußgebiet des Menams liegt, wird das Teakholz in Stämmen nach Bangkok geflößt und dort in den verschiedenen, hauptsächlich Chinesen gehörenden Sägemühlen geschnitten und ausgeführt. Die Regierung und damit das Land erhält also unmittelbar aus der Teakholzgewinnung nur die Abgaben.

Ähnlich sieht es bei der Gewinnung des Zinns aus, das ebenfalls überwiegend von ausländischen Gesellschaften durch große Schwimmbagger mit Abscheidern gewonnen, gewaschen und gesammelt wird. Die Hauptausfuhr des Zinns läuft über die Häfen Penang und Singapur. Auch hier erhält die Regierung nur die Nutznießung aus den Steuern und Abgaben.

Die Erzeugung von Kopra liegt dagegen fast ganz in den Händen der Thais, während beim Rohgummi die Verteilung zwischen Fremden und Thais sich etwa 50 : 50 verhält,

Auf die übrigen Landeserzeugnisse einzugehen, kann hier unterlassen werden, da es sich in der vorliegenden Veröffentlichung ja hauptsächlich um Fragen des Hafens Bangkok und die Hauptausfuhrerzeugnisse handelt. Die restlichen Erzeugnisse haben keinen entscheidenden Einfluß auf die Ausfuhr.

c) Der Außenhandel Thailands.

Betrachtet man die rd. 15jährige Ein- und Ausfuhrkurve Thailands (Abb. 4), so erkennt man, wie überaus wichtig es für das Land ist, den Ausfuhrüberschuß dauernd zu halten, da von ihm ein wesentlicher Teil des Staatshaushaltes gedeckt werden muß. Abgesehen von den Jahren 1929/30 und 1930/31 ist dies auch immer in hohem Maße der Fall gewesen, ja, nach der Übernahme der Regierungsgewalt hat die neue Staatsführung dafür gesorgt, daß die Ausfuhrkurve steiler anstieg als die Einfuhrkurve, um Betriebsmittel für den mit aller Macht in Angriff genommenen Staatsausbau zur Verfügung zu haben und sicher zu wirtschaften.

Interessant ist es, zu verfolgen, woher und wohin Ein- und Ausfuhr fließen (Abb. 5). Hinsichtlich der Ausfuhr hat Südostasien als Abnehmer mit 110—140 Mill. Baht in den Jahren 1934/37 die weitaus überragende Bedeutung für Thailand beibehalten, und wir werden später noch sehen, wie es besonders die Häfen Hongkong, Singapur und Penang sind, die den Außenhandel Thailands bislang geradezu beherrschen. Die Ausfuhr nach Amerika überwiegt die nach Europa wesentlich, wenn sie auch an der Gesamtausfuhr gemessen, nur einen kleinen Bruchteil ausmacht.

Hinsichtlich der Einfuhr steht das übrige Asien an erster, Südostasien an zweiter und Europa an dritter Stelle, jedoch weist der Verkehr mit Europa in den letzten Jahren in der Ein- und Ausfuhr steigende Tendenz auf. Hinsichtlich der bedeutenden Stellung Südostasiens darf man sich jedoch

---

[1] Inzwischen ist durch Gründung der staatlichen Thai-Reisgesellschaft der gesamte Reishandel zusammengefaßt worden und dadurch die Führung an den Staat übergegangen.

nicht täuschen lassen, da in den obengenannten Häfen ein wesentlicher Teil der Güter von und nach Europa für Bangkok umgeschlagen wird, so daß das Bestimmungs- bzw. Herkunftsland nicht mehr offen in Erscheinung tritt.

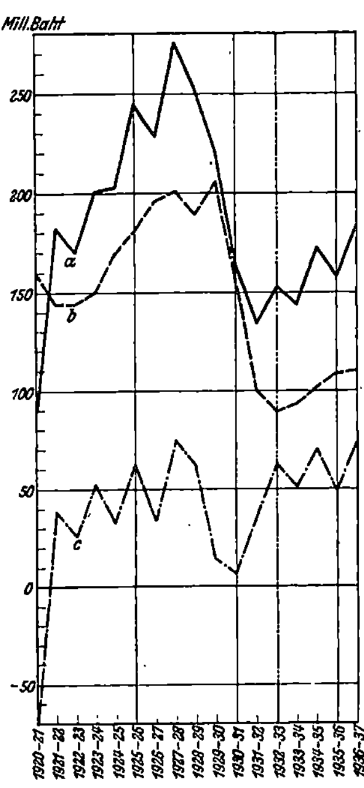

Abb. 4. Wertmäßige Schwankungen des Außenhandels.

a = Ausfuhr, b = Einfuhr, c = Ausfuhrüberschuß

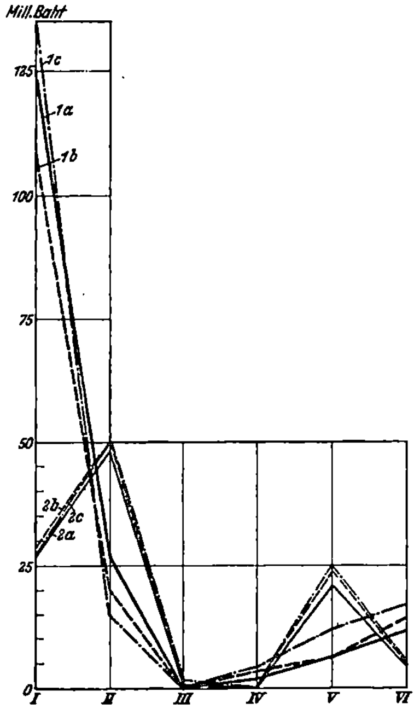

Abb. 5. Verteilung des Außenhandels auf die verschiedenen Länder und Erdteile.
I. Südostasien, II. übriges Asien, III. Ozeanien, IV. Afrika, V. Europa, VI. Amerika.

ferner 1 = Ausfuhr, 2 = Einfuhr,
a = 1934/35, b = 1935/36 c = 1936/37.

Die monatlichen Ein- und Ausfuhrziffern der beiden Jahre 1935/36 und 1936/37 zeigen von 20 vH Schwankungen abgesehen, eine stetige Zunahme (Abb. 6). Der Wert der Einfuhr schwankt zwischen rd. 8 und 10, und der der Ausfuhr zwischen 12 und 15 Mill. Baht je Monat.

Untersucht man auf Grund des Zolltarifes die Verteilung der Ein- und Ausfuhrwerte auf die Hauptgruppen, so erkennt man, daß bei der Ausfuhr (Abb. 7), die Gruppen b, Nahrungsmittel und Getränke (also hauptsächlich Reis), und c, Rohstoffe, das Übergewicht haben.

Bei der Einfuhr liegt naturgemäß die größte Bedeutung bei der Gruppe d, Fertigwaren (Abb. 8). Bei beiden Kurven besteht ein starker Abfall zum Jahre 1931/32 und von der Zeit der Machtübernahme an ein Anstieg.

Unterzieht man sich nun der Mühe, aus den Jahren 1921/22 bis 1936/37 die Mindest-, Größt- und Durchschnittsziffern der Hauptausfuhrgüter, bezogen auf die Gesamtausfuhr gleich 100, zu ermitteln (Abb. 9), so zeigt nichts schlagender als die-

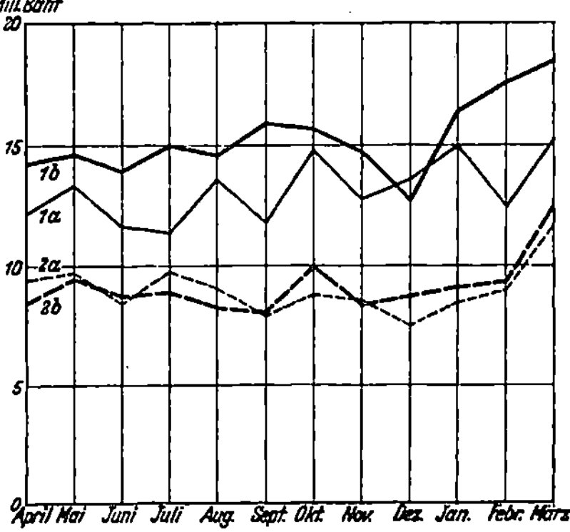

Abb. 6. Monatliche Schwankungen der Außenhandelswerte.

1 = Ausfuhr, 2 = Einfuhr; a = 1935/36, b = 1936/37.

ses Kurvenbild die überragende Bedeutung des Reises. Zinn, Gummi und Teakholz treten dem gegenüber weit zurück, behalten aber eine Bedeutung, besonders in Zeiten schlechter Reisernte oder Reiskonjunktur.

Trotz allem zeigt das Bild, daß in erster Linie für das Volk

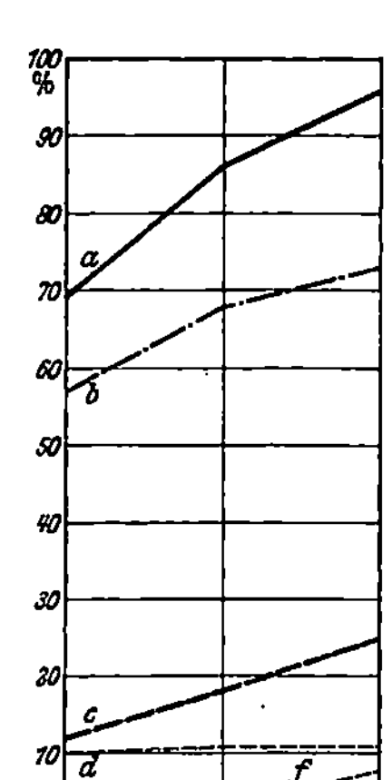

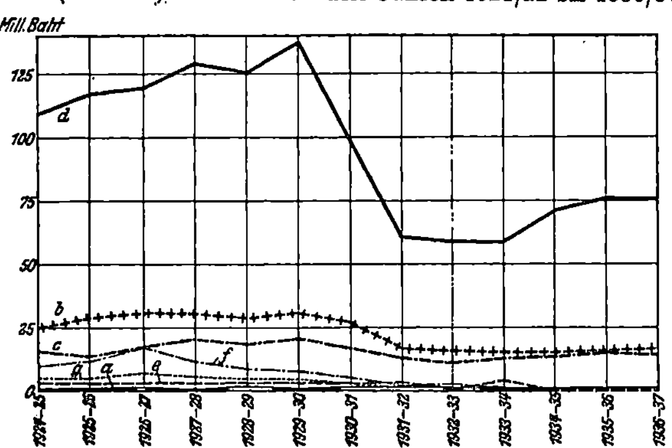

Abb. 7. Jährliche Ausfuhrwerte nach Hauptwarengruppen.

a = Lebende Tiere,   *b* = Nahrungsmittel und Getränke,   *c* = Rohstoffe,   *d* = Fertigwaren,   *e* = Edelsteine, Edelmetalle,   *f* = Wiederausfuhr.

Abb. 9. Verteilung der Ausfuhr auf die Hauptwarengruppen in Jahren schwachen, mittleren und lebhaften Außenhandels.

a = Insgesamt, *b* = Reis, *c* = Zinn, Gummi und Teakholz, *d* = Zinn, *e* = Gummi *f* = Teakholz.

erhebliche Vorteile herausspringen werden, wenn das gesamte Reisproblem von Grund neu organisiert wird. Daß hierbei der Hafen Bangkok eine ganz wesentliche Rolle spielen wird, ist vorher schon angedeutet und wird späterhin noch klarer zum Ausdruck kommen.

d) Die Reisausfuhr.

Mit wachsender Bevölkerung hat sich der Reisanbau erhöht (Abb. 10) und zwar in den Jahren 1921/22 bis 1936/37

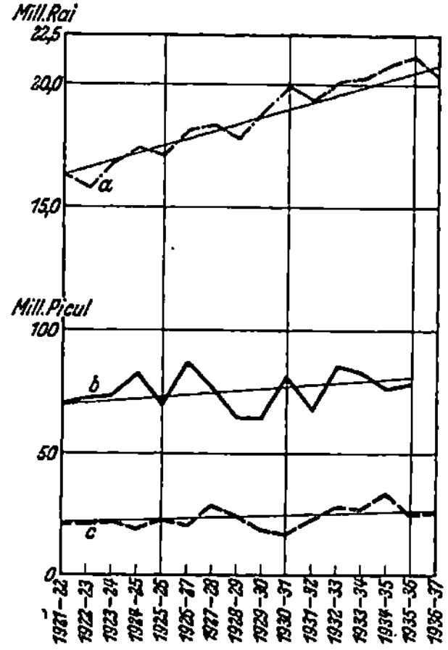

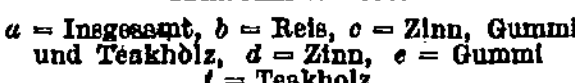

Abb. 8. Jährliche Einfuhrwerte nach Hauptwarengruppen.

a = Lebende Tiere, *b* = Nahrungsmittel und Getränke, *c* = Rohstoffe, *d* = Fertigwaren, *e* = Spirituosen, *f* = Edelmetalle, *g* = Opium.

Abb. 10. Reisanbau, Reisernte und Reisausfuhr.

a = Reisanbaufläche in Mill. Rai, *b* = Reisernte in Mill. Picul, *c* = Reisausfuhr in Mill. Picul.

um rd. 25 vH gegenüber einem Bevölkerungszuwachs von rd. 34 vH. Die Reisernte hat in demselben Zeitraum im Mittel um 16 vH und die Reisausfuhr um 25 vH zugenommen.

Wenn man berücksichtigt, daß der Reisverbrauch im eigenen Lande mit wachsender Bevölkerung ebenfalls steigt, kann die Reisausfuhr einmal durch vermehrten Reisanbau in bestimmten Grenzen, andererseits aber durch sachgemäßere Lagerung und bessere Mahlung mengen- und vor allem wertmäßig gesteigert werden. So beträgt, über den gleichen Zeitraum betrachtet, die Ausfuhr an weißem Reis im Mittel 46 vH, an Bruchreis I A 39 vH der Gesamtausfuhr (Abb. 11 und 12). Der Bruchreisanteil ist also unverhältnismäßig hoch. Es liegt auf der Hand, daß dieser Anteil mit besserer Lagerung, besserer Beförderung und neuzeitlicherer Mahlung erheblich gesenkt werden kann. Da der Preisunterschied zwischen weißem Reis und Bruchreis im Mittel etwa 1 Baht je Picul beträgt, können bei der Ausfuhr noch erhebliche Beträge gewonnen werden, genau so wie durch zweckmäßigere und längere Lagerung des Rohreises in Silos, um Monate mit schlechter Preislage besser überbrücken zu können. Betrug doch in den drei Jahren 1934/37 der geringste mittlere Jahrespreis beim weißen Reis 3,31 Baht/-

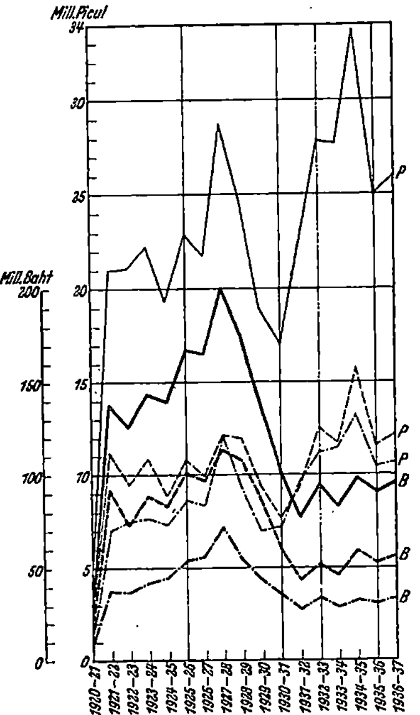

Abb. 11. Jährliche Reisausfuhr in Baht (B) und Picul (P).

—— = insgesamt, - - - - = weißer Reis, · · · · · · = Bruchreis.

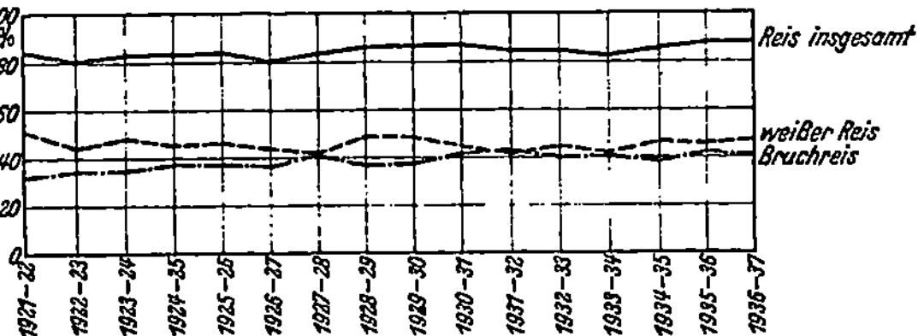

Abb. 12. Anteil des weißen und des Bruchreis an der Ausfuhr.

Picul, der höchste 4,9 Baht/Picul, das ist ein Preisunterschied von fast 1,6 Baht/Picul. Beim Bruchreis schwankt der Preis im Mittel zwischen 2,48 Baht/Picul und 3,6 Baht/Picul, das ist ein Unterschied von rd. 1,1 Baht/Picul (Abb. 13 und 14). Notwendig wäre eine Speicherung für rd. drei Monate.

Die Ausfuhrkurve des Reises im gleichen Zeitraum (Abb. 15) zeigt sowohl mengen- wie wertmäßig Schwankungen, die fast 100 vH erreichen. Einmal ist das

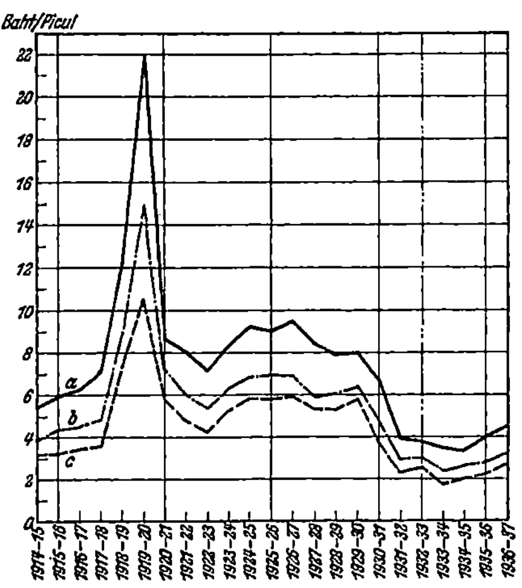

Abb. 13. Jährliche Schwankungen des Reispreises in Baht je Picul.

a = Weißer Reis, 1. Sorte, *b* = Bruchreis Sorte 1 A, *c* = Bruchreis Sorte 3 C.

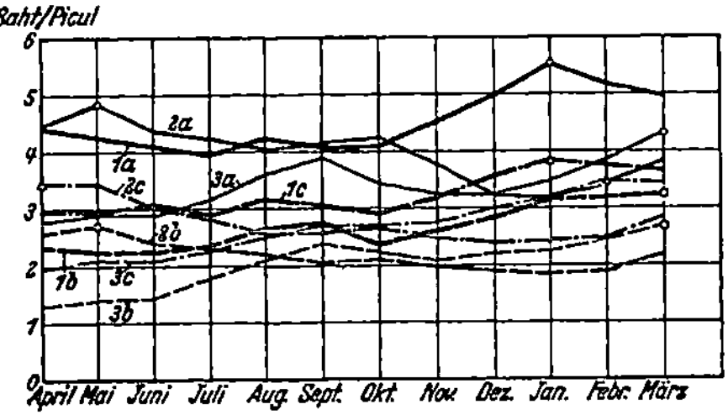

Abb. 14. Monatliche Schwankungen des Reispreises in Baht je Picul.

a = Weißer Reis, 1. Sorte, *b* = Bruchreis, Sorte 1 C, *c* = Bruchreis, Sorte 1 A; ferner: *1* = 1936/37, *2* = 1935/36, *3* = 1934/35.

von der eigenen Ernte, zum anderen aber von dem Ausfall der anderen Reiserzeugenden Länder und der Spanne zwischen Angebot und Nachfrage abhängig. Wertmäßig können die Schwankungen jedenfalls durch bessere Güte des gemahlenen Reis gemindert werden.

Hauptausfuhrhafen für Reis ist Bangkok, wo rd. 95 vH versandt werden (Abb. 16). Die unnatürliche Senkung der Ausfuhr im Jahre 1920/21 ist auf das Reisausfuhrverbot der Regierung zurückzuführen, um die Ernährung der eigenen Bevölkerung sicherzustellen.

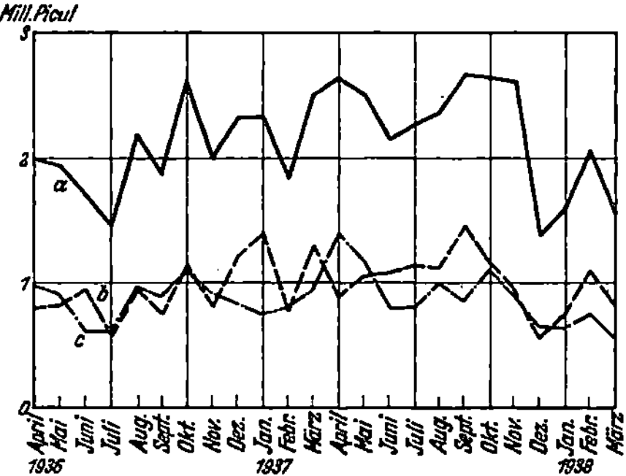

Abb. 15. Monatliche Ausfuhr von Reis.

a = insgesamt, *b* = weißer Reis, *c* = Bruchreis.

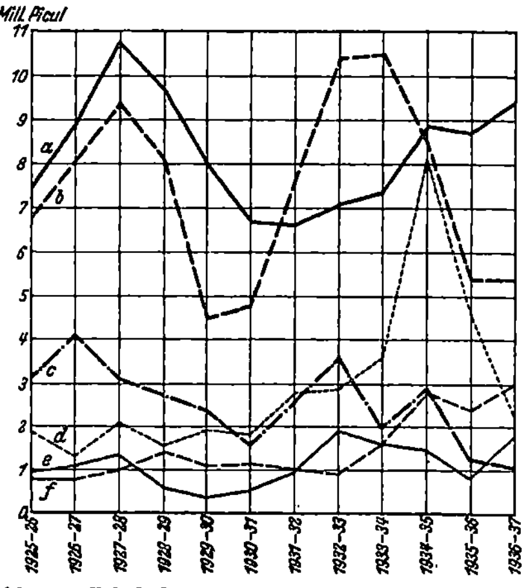

Abb. 17. Jährliche Reisausfuhr nach den Hauptländern und -richtungen.

a = Singapur, *b* = Hongkong, *c* = China und Japan, *d* = Niederländisch-Indien, Malayenstaaten, Ceylon, Britisch-Indien, *e* = Europa, *f* = Westindien.

Interessant ist, zu verfolgen, nach welchen Ländern die Reisausfuhr erfolgt (Abb. 17), wobei bei den Häfen Singapur und Hongkong nicht vergessen werden darf, daß von hier aus der Reis, vermischt oder unvermischt, zum Teil weiterverfrachtet wird. Mengenmäßig stehen diese beiden Häfen an allererster Stelle. Die vH-Kurve (Abb. 18) veranschaulicht noch klarer, welche überragende Bedeutung der Außenhandel über Singapur und Hongkong einerseits bislang hat, und welche Bedeutung dem neuen Hafen Bangkok zukommt, wenn die Reisausfuhr von hier unmittelbar dem Welthandel zugeleitet wird. Der Anteil der indischen Staaten schwankt um 10 vH, von einer Spitze

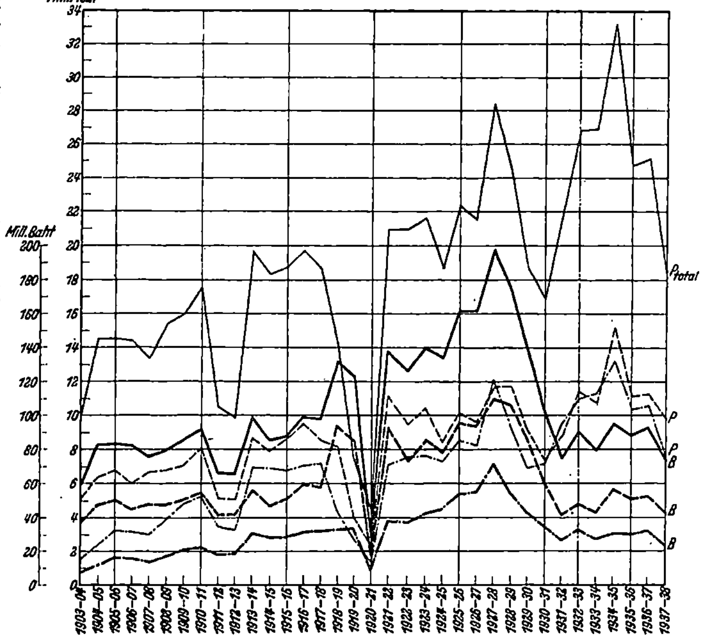

Abb. 16. Mengen- (*P*, dünne Linien) und wertmäßiger (*B*, dicke Linien) Verlauf der Reisausfuhr in Bangkok.

·· = gesamt, ---- = weißer Reis, ·-··· = Bruchreis.

von 24,5 vH. abgesehen, der vcn Japan und China ebenfalls um 10 vH, während Europa nur mit im Durchschnitt 4—5 vH Anteil an der unmittelbaren Reisausfuhr beteiligt ist, obwohl sie mittelbar über Singapur höher ist.

Die monatliche Ausfuhrmenge an Reis über Bangkok schwankt um 2 Mill. Picul, das sind rd. 120000 t im Monat in den Jahren 1935/36 und 1936/37. Die höchste Spitze betrug rund 2,6 Mill. Picul, die niedrigste Ausfuhrmenge in einem Monat lag bei 1,4 Mill. Picul.

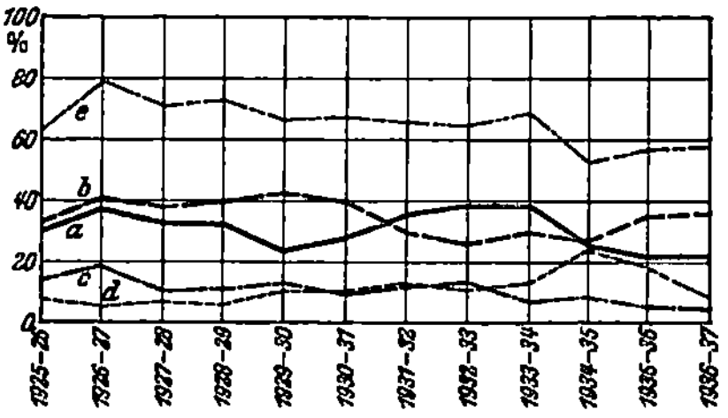

e) Die Teakholzausfuhr.

Wie bereits ausgeführt, liegt das Hauptgewinnungsgebiet für Teakholz im Norden des Landes. Das Gesamtgebiet, das von der Forstverwaltung erfaßt wird, beläuft sich auf rd. 40 000 000 Rai. Die schlagbaren Stämme werden jährlich festgestellt, ihre Zahl schwankte zwischen 160 000 und 300 000 in den Jahren 1932/37. Die tatsächlich geschlagenen Stämme beliefen sich auf rd. 90 000 Stück jährlich.

Abb. 18. Anteil der Hauptverbrauchsländer an der jährlichen Reisausfuhr.
a = Hongkong, b = Singapur, c = China und Japan, d = Indien, e = Singapur und Hongkong zusammen.

Hauptausfuhrhafen für Teakholz ist Bangkok. In den Jahren 1935/37 schwankte die Ausfuhr zwischen 60000 und 108000 m³ mit einem Wert von 3,3 Mill. und 11,2 Mill. Baht (Abb. 19).

Haupteinfuhrland für Teakholz ist Europa, ferner China und Japan, Ceylon und Britisch Indien, das letztere in der Hauptsache wohl wegen der Durchgangs- und Umschlagshäfen Hongkong nnd Singapur (Abb. 20).

f) Die Zinnausfuhr.

Die jährliche Zinnerzgewinnung und die Ausfuhr von Zinnerz belief sich in den letzten 13 Jahren auf jährlich rd. 200000—360000 Piculs vom Jahre 1937/38 an steigend, wobei in den letzten neun Jahren bei der Gewinnung das wirtschaftlichere Baggerverfahren den Handbetrieb überwiegt (Abb. 21). Die jährlichen Abgaben stiegen im Jahre 1937/38 auf 6,25 Mill. Baht.

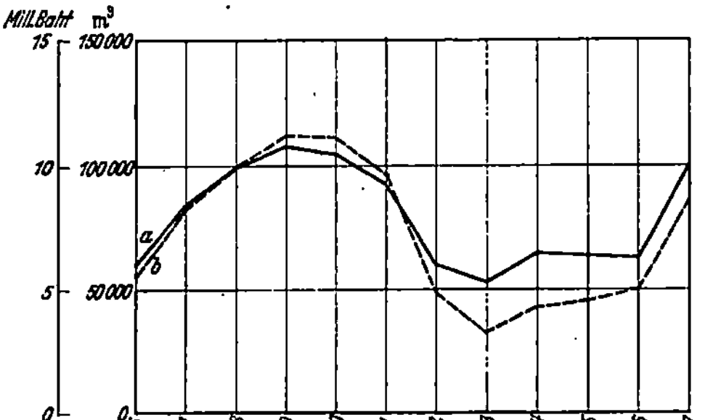

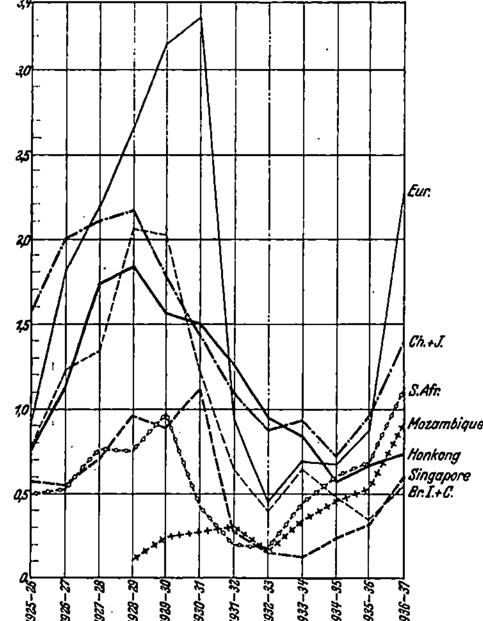

Abb. 19. Jährliche Ausfuhr von Teakholz.
a = Menge in m³, b = Wert in Mill. Baht.

Abb. 20. Teakholzausfuhr nach den Hauptverbrauchsländern
Eur. = Europa, Ch. + J. = China und Japan, S.Afr. = Südafrikanische Union, Br. I. + C. = Britisch Indien und Ceylon.

Das Zinn wird in den kleinen Küstenhäfen an der West- und Ostküste verschifft und geht in der Hauptsache nach Penang und zum kleineren Teil nach Singapur in die dortigen Zinnschmelzen, um von dort weiter verfrachtet zu werden (Abb. 22 und 23). Auch hier wird Thailand den Weg der Errichtung eigener Zinnschmelzen gehen müssen, wenn es sich hinsichtlich des Marktpreises für Zinnerz unabhängiger machen will.

Die monatliche Zinnausfuhr hat in den letzten drei Jahren steigend zugenommen und bewegt sich im Durchschnitt um rd. 30000 Picul im Monat. Die größte Spitze wurde im Dezember 1937 mit 40000 Picul erreicht (Abb. 24).

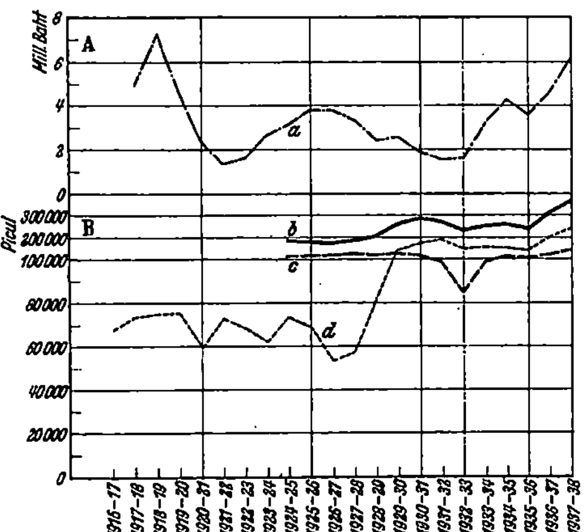

Abb. 21. Übersicht über die Zinngewinnung.
A. Wert B. Menge.
a = Einkünfte in Baht, b = gesamte Ausfuhr in Picul, c = mit Baggern gewonnene Mengen in Picul, d = im Handbetrieb gewonnene Mengen in Picul.

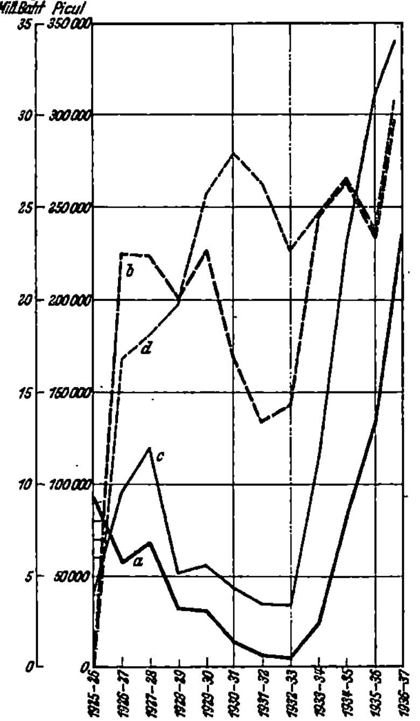

Abb. 23. Jährliche Ausfuhr von Zinn und Gummi.
a = Gummi, Wert in Baht, b = Zinn, Wert in Baht,
c = Gummi, Menge in kg, d = Zinn, Menge in Picul.

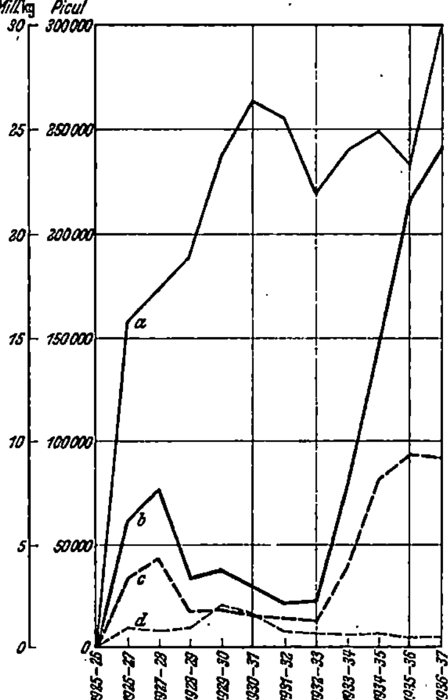

Abb. 22. Jährliche Ausfuhrmengen von Zinn und Gummi nach den Hauptverschiffungshäfen.
a = Zinn aus Penang in Picul, b = Gummi aus Penang in kg, c = Gummi aus Singapur in kg, d = Zinn aus Singapur in Picul.

Auch beim Zinn wird eine planmäßige Hafenwirtschaft Thailands mit dem Ausbau der Verkehrswege, eigenen Industrien und eigener Küstenschiffahrt nach dem neuen Schiffahrtsgesetz eine Wandlung zum Anschluß an den direkten Welthandel bringen.

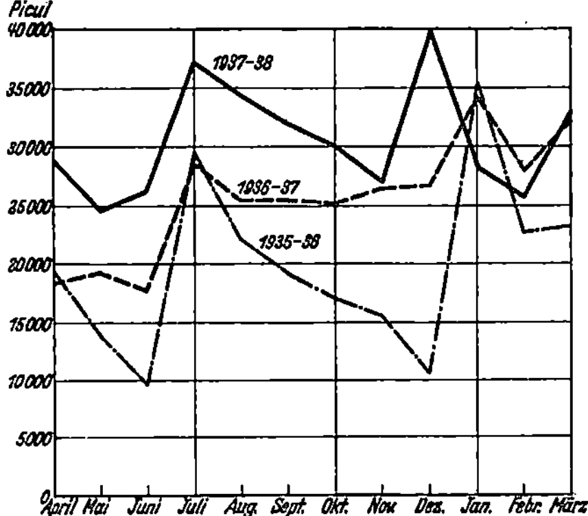

Abb. 24. Monatliche Zinnausfuhr.

g) Die Ausfuhr von Gummi.

Die Ausfuhr von Kautschuk stieg in den letzten sechs Jahren von 3,4 Mill. kg auf 38,3 Mill. kg und wertmäßig von 0,4 Mill. Baht auf 23,5 Mill. Baht mit steigenden Einheitspreisen (Abb. 23).

Auch beim Kautschuk sind Singapur und Penang die Häfen, die den Hauptanteil an der Ausfuhr haben, wobei Penang Singapur mit steigender Tendenz überwiegt (Abb. 22).

h) Die Ein- und Ausfuhr über die derzeitigen Häfen.

Betrachtet man den Wert der Ein- und Ausfuhr in den einzelnen Zollbezirken in den letzten 13 Jahren, so erkennt man, wie der Bezirk Bangkok mit dem Hafen Bangkok in der Ein- und Ausfuhr die beiden anderen Zollbezirke im Süden weitaus überragt (Abb. 25). Während sich die Werte der letzteren beiden auf 5 bis 30 Mill. Baht belaufen, liegen die Ein- und Ausfuhrwerte für Bangkok zwischen rd. 100 und 230 Mill. Baht.

Auch monatlich gesehen ergibt sich das gleiche überragende Bild für den Bezirk Bangkok, wobei naturgemäß die Ausfuhr den Einfuhrwert übersteigt (Abb. 26). Die monatlichen Schwankungen bewegen sich im großen

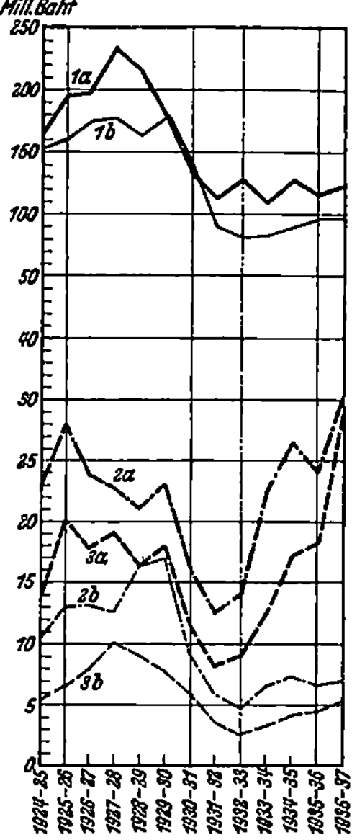

Abb. 25. Jährliche Schwankungen des Außenhandels der einzelnen Landesteile.

a = Einfuhr, b = Ausfuhr;
1 = Bangkok, 2 = Bhuket. (Puket)
3 = Nakorn Srithammarat.

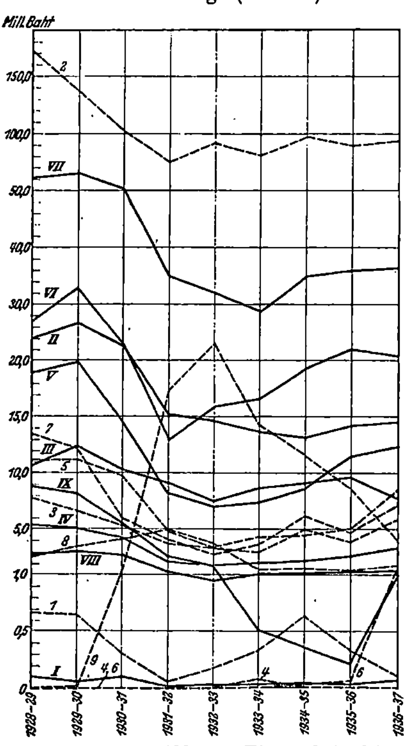

Abb. 27. Ein- und Ausfuhr nach Hauptgüterklassen im Hafen Bangkok. Einfuhr (römische Ziffern), Ausfuhr (arabische Ziffern):

I (1) = Vieh,
II = Nahrungsmittel,
III = Mineralöl,
IV = übrige Rohstoffe,
V = Metallwaren, Maschinen,
VI = Spinnstoffwaren,
VII = übrige Fertigwaren,
VIII = Getränke,
IX (9) = Metallbarren, Geld,
2 = Reis und Rohreis,
3 = übrige Nahrungsmittel,
4 = Zinn,
5 = Teakholz,
6 = Gummi,
7 = übrige Rohstoffe,
8 = Fertigwaren.

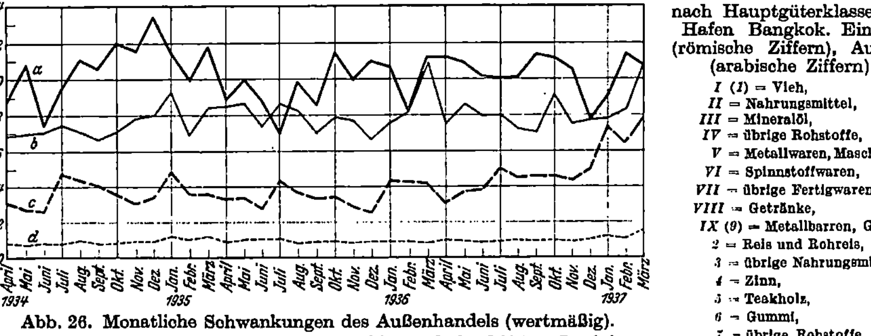

Abb. 26. Monatliche Schwankungen des Außenhandels (wertmäßig).

a = Ausfuhr aus dem Gebiet um Bangkok, b = Einfuhr für das Gebiet um Bangkok,
c = Ausfuhr aus dem übrigen Binnenland, d = Einfuhr für das übrige Binnenland.

um den Durchschnitt von rd. 20 vH. für die Ausfuhr und rd. 10 vH für die Einfuhr.

Während in der Ausfuhr über den Bezirk Bangkok (Abb. 27) der Reis bei weitem überwiegt, liegt im Bezirk Bhuket (Abb. 28a) der Hauptwert in Zinn und im Bezirk Sithammarat (Abb. 28b) beim Zinn, Reis und Kautschuk, der in den letzten Jahren hier wesentliche Steigerungen aufwies.

In der Einfuhr überwiegen im Bezirk Bangkok Textilwaren, Fertigfabrikate und Nahrungsmittel, im Bezirk Bhuket Metallwaren und Maschinen, Fertigfabrikate und Nahrungsmittel, im Bezirk Sithammarat Mineralöl, Metallwaren, Maschinen und Fertigfabrikate.

Diesen Werten entsprechend, liegen auch die Zolleinnahmen in den einzelnen Bezirken für den Bezirk Bangkok an hervorragender Stelle (Abb. 29 s. S. 16).

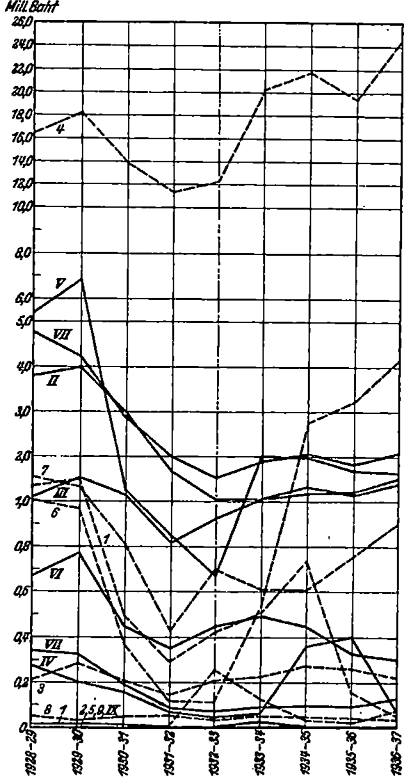

Abb. 28a. Ein- und Ausfuhr nach Hauptgüterklassen im Hafen Bhuket (Puket). Einfuhr (römische Ziffern), Ausfuhr (arabische Ziffern):

I (1) = Vieh, II = Nahrungsmittel, III = Mineralöl,
IV = übrige Rohstoffe, V = Metallwaren, Maschinen,
VI = Spinnstoffwaren, VII = übrige Fertigwaren,
VIII = Getränke, IX (9) = Metallbarren, Geld,
2 = Reis und Rohreis, 3 = übrige Nahrungsmittel,
4 = Zinn, 5 = Teakholz, 6 = Gummi, 7 = übrige Rohstoffe, 8 = Fertigwaren.

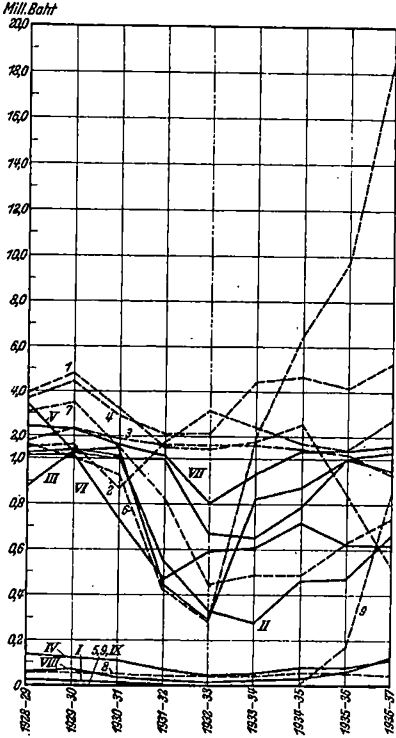

Abb. 28b. Ein und Ausfuhr nach Hauptgüterklassen im Hafen Nakorn Sithammarat. Einfuhr (römische Ziffern), Ausfuhr (arabische Ziffern):

I (1) = Vieh, II = Nahrungsmittel, III = Mineralöl,
IV = übrige Rohstoffe, V = Metallwaren, Maschinen,
VI = Spinnstoffwaren, VII = übrige Fertigwaren,
VIII = Getränke, IX (9) = Metallbarren, Geld,
2 = Reis und Rohreis, 3 = übrige Nahrungsmittel,
4 = Zinn, 5 = Teakholz, 6 = Gummi, 7 = übrige Rohstoffe, 8 = Fertigwaren.

i) Schiffahrt und Verkehr im Hafen Bangkok.

Da der Zugang zum Hafen Bangkok wegen der vor der Mündung des Menam liegenden Barre für Schiffe mit größerem Tiefgang als rd. 4 m bislang nicht möglich ist, müssen die großen Frachter des Weltverkehrs (Abb. 30) ihre Ladung in Koh Sichang, einer Insel vor der Mündung des Flusses im Golf von Thailand, leichtern und auch dort neue Ladung erhalten. Einzelne Frachter sind auf den geringen Tiefgang der Barre zugeschnitten und fahren mit dem Rest der Ladung nach Bangkok. Im Schiffahrtsverkehr rechnet die Reede Ko Sichang zum Hafen Bangkok (Abb. 38).

Betrachtet man über einen Zeitraum von rd. 20 Jahren Anzahl und Tonnage des einkommenden und ausgehenden Schiffsverkehrs, so erkennt man auch hier die Steigerung (Abb. 31). Der starke Einschnitt im Jahre 1920/21 ist auf das Reisausfuhrverbot zurückzuführen. Er zeigt wiederum die starke Abhängigkeit von der Ausfuhr von Reis. Der Gesamtschiffsverkehr, ein- und ausgehend, hatte im Jahre 1934/35 mit je rd. 1150 Schiffen eine Tonnage von je fast 1500000 BRT erreicht.

Es liegt auf der Hand, daß Anzahl und Tonnage der einkommenden Schiffe mit Ballast erheblich größer und 2—3 5 mal so groß ist als die der ausgehenden Schiffe mit Ballast. Das ist in dem Verhältnis von Ein- und Ausfuhr und dem Laderaumanspruch ihrer Güter begründet.

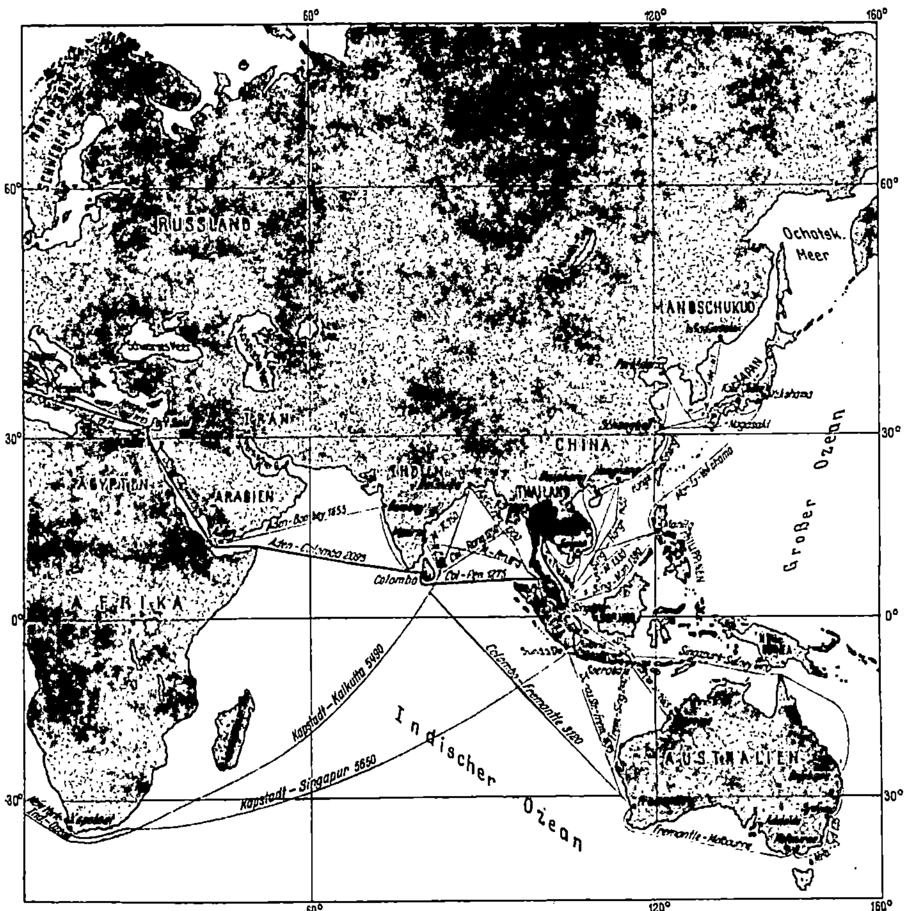

Abb. 30. Hauptverkehrslinien der Weltschiffahrt von und nach Hinterindien. Die unmittelbare Schiffsverbindung mit Europa ist stark ausgezogen.

Der Anteil der britischen Flagge am Verkehr, die in den fünf Jahren bis 1924/25 mit über 40 vH weitaus die Führung hatte und noch im Jahre 1928/29 rd. 34 vH betrug, ist seither immer weiter gesunken, auf rd. 22 vH im Jahre 1936/37 (Abb. 32). Auch die norwegische Flagge, deren Anteil in den Jahren 1926/29 mit rd. 35 vH der größte war, zeigt eine Abnahme auf rd. 28 vH im Jahre 1936/37. Dafür zeigen die japanische und dänische Flagge in den letzten zehn Jahren Steigerungen auf rd. 16 vH bzw. 10 vH. Mit wachsender Schiffsgröße hat die Thaiflagge im Schiffsverkehr abgenommen und betrug 1936/37 rd. 5 vH. Mit dem neuen Schiffahrtsgesetz für den Küstenverkehr und dem Hafenbau Bangkok wird hier zweifellos eine Zunahme eintreten.

Mit dem Schiffsverkehr im Hafen ist naturgemäß der Inlandverkehr auf den Flüssen, auf der Eisenbahn und auf der Straße eng verbunden, und es wird von Interesse sein, auch diesen Verkehr über einen längeren Zeitraum zu verfolgen.

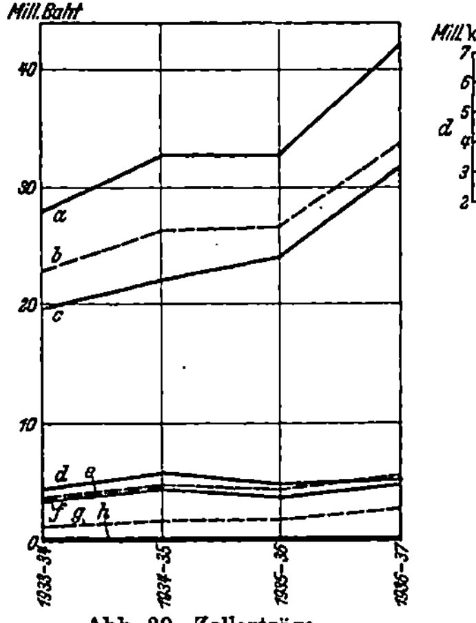

Abb. 29. Zollerträge.

a = Insgesamt, b = Gesamteinnahmen im Bezirk Bangkok, c = Einfuhrzölle, d = Ausfuhrzölle, e = Gesamteinnahmen im Bezirk Bhuket, f = Kronzölle und Abgaben, g = Gesamteinnahmen im Bezirk Nakorn Sithammarat, h = Rückvergütung für Gehälter und Unkosten.

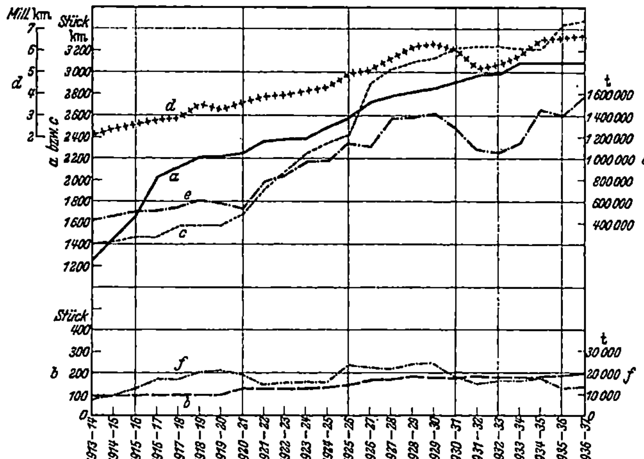

Abb. 33. Entwicklung des Eisenbahnverkehrs.

a = Betriebslänge der Bahnen in km, b = Anzahl der Lokomotiven, c = Anzahl der Wagen, d = gefahrene Zugkilometer, e = beförderte Güter in t, f = befördertes Vieh in t.

Die Anzahl der Leichter und Fährboote hat im Verlauf der letzten rd. 25 Jahre von rd. 86000 auf rd. 64000 wohl hauptsächlich infolge Überalterung, abgenommen. Die kleinen Dampfboote, die noch fast ausschließlich mit Holz geheizt werden, haben sich von rd. 290 auf rd. 310 nur wenig

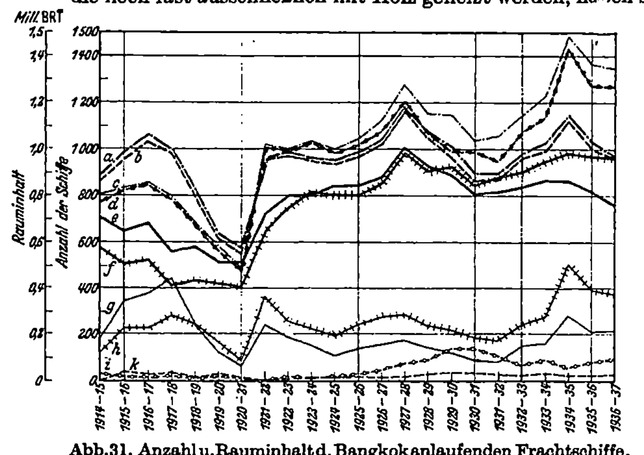

Abb. 31. Anzahl u. Rauminhalt d. Bangkok anlaufenden Frachtschiffe.

a = Gesamtzahl der einkommenden Schiffe, b = Anzahl der ausgehenden Schiffe mit Fracht, c = Gesamtrauminhalt der Schiffe ein- und ausgehend, d = Ausgehender Schiffsraum mit Fracht, e = Anzahl der einkommenden Schiffe mit Fracht, f = Einkommender Schiffsraum mit Fracht, g = Anzahl der einkommenden Schiffe mit Ballast, h = Einkommender Schiffsraum mit Ballast, i = Ausgehender Schiffsraum mit Ballast, k = Anzahl der ausgehenden Schiffe mit Ballast.

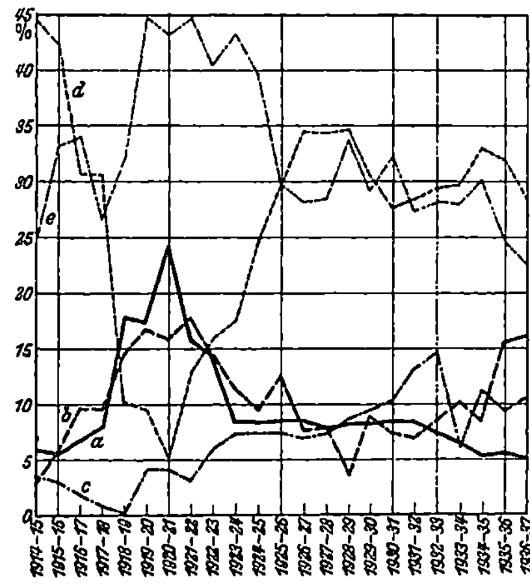

Abb. 32. Verteilung des verkehrenden Schiffsraums auf die einzelnen Länder.

a = Thailand, b = Japan, c = Dänemark, d = Norwegen, e = Großbritannien.

vermehrt, dagegen hat die Zahl der Motorboote von rd. 50 auf rd. 1600 stark zugenommen. Auch hier wird, im ganzen genommen, mit der weiteren Entwicklung des Hafenverkehrs eine Zunahme nicht nur in der Anzahl, sondern auch der Größe nach eintreten.

Die Königliche Staatseisenbahn ist in den letzten 25 Jahren erheblich ausgebaut worden und ist in weiterer stark steigender Entwicklung auch für die Zukunft begriffen (Abb. 33). Die Gleis-

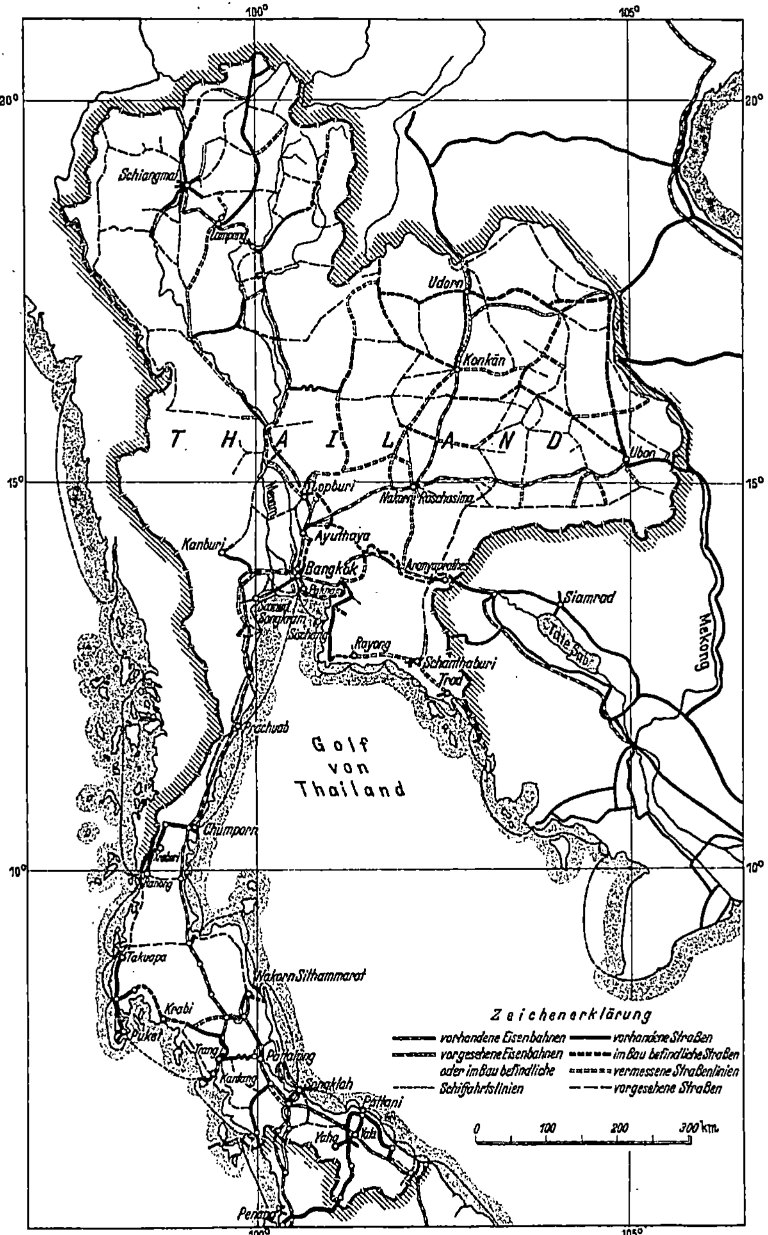

Abb. 34. Verkehrskarte von Thailand.

länge hat sich von rd. 1250 km auf rd. 3100 km vermehrt, und die Anzahl der gefahrenen Zugkilometer und der beförderten Güter sowie der Wagen in gleich ansteigender Linie entwickelt. Der in Abb. 34 dargestellte Plan zeigt das Eisenbahnnetz des Landes.

Der Fahrgastverkehr (Abb. 35), der über die Südgrenze mit der Eisenbahn und über Bangkok über See geht, hatte im Jahre 1927/28

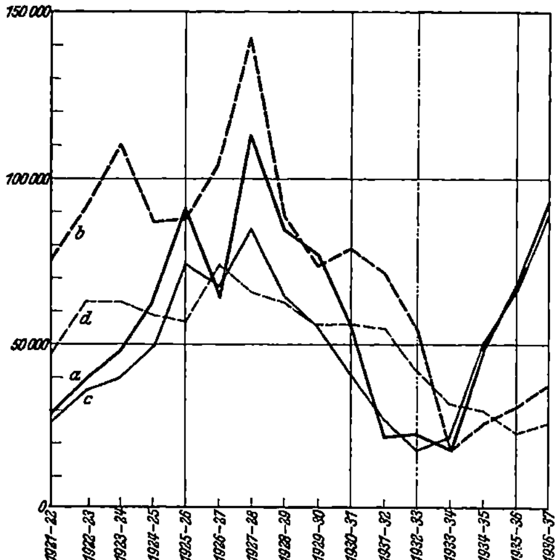

Abb. 35. Fahrgastverkehr von und nach Thailand.

a = Ankunft mit der Eisenbahn über die Südgrenze, *b* = Ankunft auf dem Seewege über Bangkok, *c* = Ausreise mit der Eisenbahn über die Südgrenze, *d* = Ausreise auf dem Seewege über Bangkok.

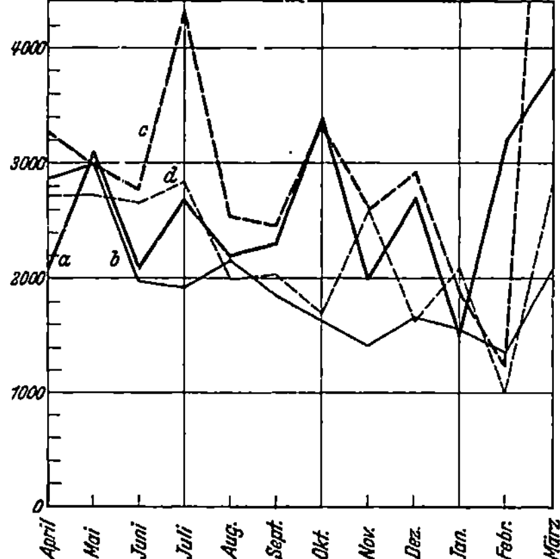

Abb. 36. Monatlicher Fahrgastverkehr über den Hafen Bangkok.

a = Ankunft 1935/36, *b* = Ausreise 1935/36,
c = Ankunft 1936/37, *d* = Ausreise 1936/37.

seine höchste Spitze erreicht. Von hier ab ist der Verkehr bis zum Jahre 1933/34 gewaltig gefallen, um seither auf der Eisenbahn um mehr als das vierfache zuzunehmen, während über See nur eine geringe Zunahme eingetreten ist. Der ganze Fahrgastverkehr umfaßt in der Hauptsache die chinesischen Ein- und Auswanderer. Der monatliche Fahrgastverkehr über den Hafen Bangkok in den letzten zwei Jahren pendelte um 2500 mit gelegentlichen Spitzen von 4—7000 und Senkungen bis zu 1000 Personen (Abb. 36).

Ein guter Gradmesser für den steigenden Verkehr in Bangkok ist auch der Straßenverkehr. In den letzten rd. 15 Jahren hat die Anzahl der Lastkraftwagen von rd. 100 auf 4000 Stück, also um das vierzigfache zugenommen, die der Personenwagen um mehr als das dreifache von 1250 auf 3780 Stück (Abb. 37). Die Gesamtzahl der Motorfahrzeuge beträgt heute fast 10 000 Stück.

Zusammenfassend ist zum bisherigen Handel und Verkehr Thailands festzustellen, daß er mit Übernahme der Regierungsgeschäfte durch die verantwortliche Regierung auf fast allen Gebieten Steigerungen aufweist. Wert- und mengenmäßig bleibt er abhängig in der Hauptsache vom Ausfall der Reisernte und den Weltpreisen für Reis. Es liegt auf der Hand, daß mit dem Bau des Hafens Bangkok und Durchbaggerung der Barre Handel und Verkehr weiter steigen werden.

2. Die bisherigen Anlagen für den Seeschiffsumschlag in Bangkok.

Der bisherige Hafen Bangkok umfaßt den Landungshafen Paknam an der Mündung des Chow Praya-Flusses (allgemein Menam = Mutter des Wassers genannt), die

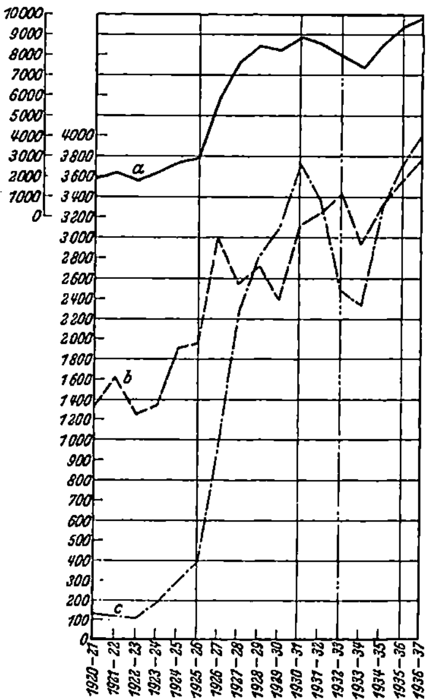

Abb. 37. Anzahl der im Verkehr befindlichen Kraftfahrzeuge.

a = Kraftwagen, insgesamt, *b* = Personenkraftwagen, *c* = Lastkraftwagen.

Hafenanlagen in Bangkok am Menam in einer Länge von rd. 17 km, hauptsächlich am Ostufer gelegen, und den Menam selbst als Reede, ferner die Reede von Koh Sichang (Abb. 38).

Letztere liegt rd. 24 Seemeilen (45 km) von der Barre entfernt in ostsüdöstlicher Richtung. Von der Barre bis Paknam sind es rd. 11 Seemeilen (20 km) und von Paknam bis Bangkok Hafen. rd. 19 Seemeilen (35 km). Die Gesamtentfernung Koh Sichang—Bangkok Hafen beträgt also rd. 54 Seemeilen (100 km).

Die Reede von Koh Sichang liegt zwischen einer größeren und zwei kleineren Inseln gegen Winde und Wellengang gut geschützt. Sie ist so ausgedehnt, daß sie dem stärksten Schiffsverkehr genügt (Abb. 39). Anfang Oktober 1939 lagen dort z. B. 13 große Seedampfer zum Laden und Löschen. Die Leichterung erfolgt mit Segeldschunken und Leichtern, deren Größe zwischen 20 und 200 t schwankt. Die Tiefe auf der Barre und im Hauptkanal erlaubt Schiffen von rd. 4 m Tiefgang bei normalen Wasserständen die Durchfahrt.

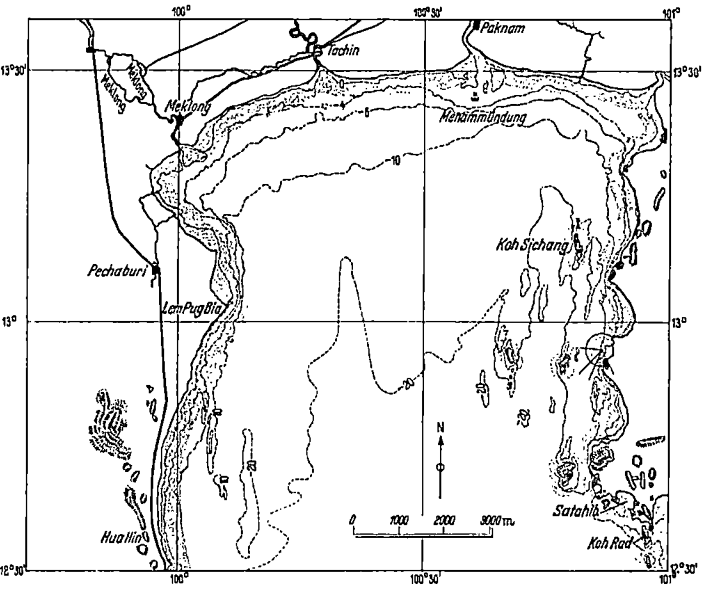

Abb. 38. Golf von Thailand in der Umgebung der Menam-Mündung mit der Insel Koh Sichang, bei der bisher der Umschlag aus den Seeschiffen in Leichter stattgefunden hat. Tiefen bezogen auf MSprTnw. Der Ort Meklong heißt auch Samud Songkram (Abb. 1, 2 und 34).

Paknam an der Mündung des Menams wird eigentlich nur gelegentlich von Kabinenfahrgästen benutzt, die von hier mit Kraftwagen oder Bahn Bangkok rascher erreichen können und umgekehrt.

Die bisherigen Hafenanlagen in Bangkok (Abb. 40) erstrecken sich innerhalb der Nord- und Südgrenze auf eine Länge von 6 km, mit Ankerplätzen im Strom für die großen Seedampfer (Abb. 41). Hier liegt auch der größere Teil der Anlegebrücken der privaten Gesellschaften und Agenturen der großen Reedereien, wie die East Asiatic Company (Abb. 42), Borneo Company, Mitsui Bussan Kaisha (Abb. 43), Anglo-Siam Trading Corporation, China—Siam Steamship Co., Bangkok Dock Co., British India Steam Navigation Co., Standard-Vacuum Oil Co. u. a. m. Zum Teil können hier Seedampfer unmittelbar am Ufer an den offenen Piers anlegen (Abb. 44). Die Lagerschuppen erstrecken sich längs des Ostufers und zum kleineren Teil auch am Westufer, sie sind zum großen Teil offen und aus Holz, einige neuere in Eisenbeton gebaut.

Abb. 39. Reede von Koh Sichang.

Auf dieser Hafenstrecke liegt auch die Werft der Bangkok Dock Company mit einem alten hölzernen Dock von 108 m größter Länge, 12,8 m Einfahrtsweite und 3,5 m Tiefe über dem Drempel.

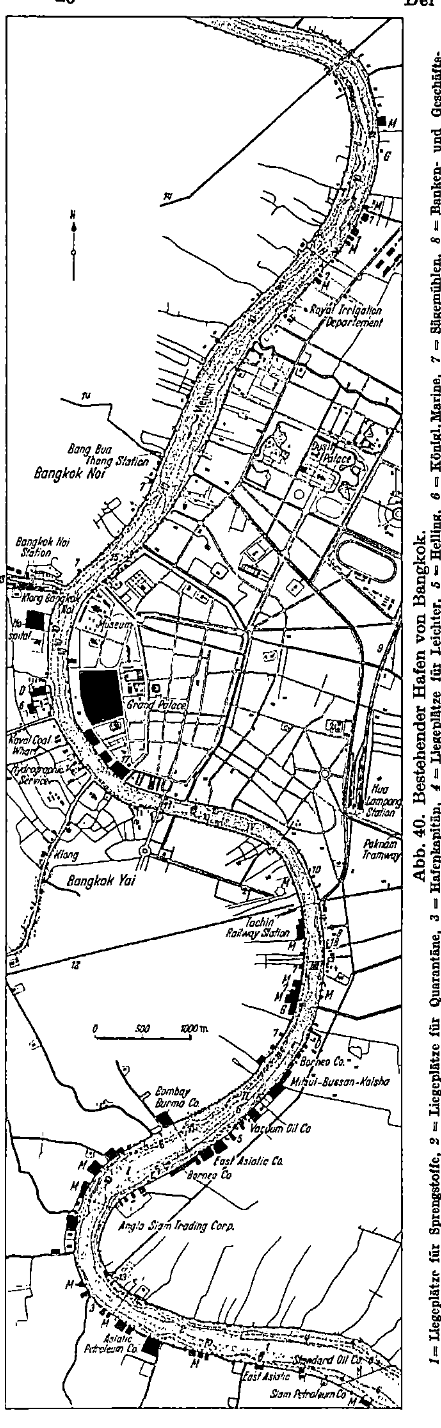

Abb. 40. Bestehender Hafen von Bangkok.

1 = Liegeplätze für Sprengstoffe, 2 = Liegeplätze für Quarantäne, 3 = Hafenkapitän, 4 = Liegeplätze für Leichter, 5 = Helling, 6 = Königl. Marine, 7 = Sägemühlen, 8 = Banken- und Geschäftsviertel, 9 = Ostbahn und Nordbahn, 10 = Hafenverwaltung, 11 = Klappbrücke, 12 = Küstenbahn, 13 = Südbahn, 14 = Verbindungsbahn, 15 = Liegeplätze für Kriegsschiffe, 16 = Notliegeplätze, 17 = Ministry of Economic Affairs (Handelsministerium), 18 = Zollverwaltung, 19 = Schlachthaus, I—IV = Hauptliegeplätze für Handelsschiffe, D = Trockendock, H = Hafengrenzen, M = Reismühlen, G = Speicherschuppen. Die Tiefenlinien im Fluß beziehen sich auf MSpTnw. Mittlerer Springtidenhub 2,7 mm; mittlerer Nipptidenhub 1,3 m. Fortsetzung siehe Abb. 84.

Abb. 41. Stromumschlag in Bangkok.

Abb. 42. Kaianlage der East Asiatic Company.

Abb. 43. Kaianlage der Mitsui-Bussan-Kaisha.

Das neuere, 1917 erbaute Eisenbetondock hat eine größte Länge von 112 m, eine Einfahrtsweite von 15,55 m und eine Tiefe von 5,10 m über dem Drempel bei SpThw (Springtidenhochwasser). Einige weitere kleinere Docks und Slipanlagen anderer Gesellschaften sind noch vorhanden. Es fehlt also bislang die Dockungsmöglichkeit für die großen Seedampfer.

Abb. 44. Ablegen eines Frachtdampfers von einer Landungsbrücke.

Abb. 45. Kaianlage der Marine.

Abb. 46. Ölraffinerie der Regierung am Menam.

Abb. 47. Sägemühle.

Abb. 48. Reismühle.

Abb. 49. Schleppen von Reisboten.

Oberhalb der Memorial Bridge liegen die Navy Yard der Royal Navy (Abb. 45) und Anlagen für kleinere Handelsfahrzeuge.

Am Eingang zum Hafengebiet liegen die Quarantänestation und am Ufer die große Ölbunkerstation der Regierung (Abb. 46), die in den letzten Jahren nach modernen Gesichtspunkten erbaut worden ist, sowie Anlagen der privaten Ölgesellschaften. Hier befindet sich auch der Ankerplatz

für die Entladung von Sprengstoffen und die Pieranlagen der Eisenbahnverwaltung. Am Westufer erstrecken sich hauptsächlich die Reis- und Sägemühlen (Abb. 47 und 48), zum kleineren
Teil auch am Ostufer, doch sämtlich kleineren Umfanges.

Das Be- und Entladen der Dampfer erfolgt entweder im Strom oder am Ufer. Die Güter
werden in den Lagerhäusern gestapelt, die zum größten Teil einstöckig angelegt sind.

Die bisherigen gesamten Hafenanlagen Bangkoks sind also mehr oder weniger nur auf Leichter-
verkehr abgestellt (Abb. 49). In sich geschlossene Hafenanlagen für große Seedampfer mit den
dazugehörigen Schuppen, Speichern und Krananlagen sind nicht vorhanden. Trotzdem ist es
bewunderungswürdig, welche umfangreichen Ein- und Ausfuhrmengen über Bangkok jedes Jahr
verarbeitet worden sind.

3. Die bisherige Verwaltung des Hafens „Bangkok".

Die gesamte Verwaltung des Hafens „Bangkok" ist in dem „Harbour-Departement" ver-
einigt, das dem Wirtschaftsministerium unterstellt ist. An der Spitze steht der Generaldirektor,
zur Zeit Commander R. N. Phra Bhara Samutra. Die Geschäftsverteilung geht aus dem
folgenden Organisationsplan so klar hervor, daß weitere Erläuterungen sich erübrigen:

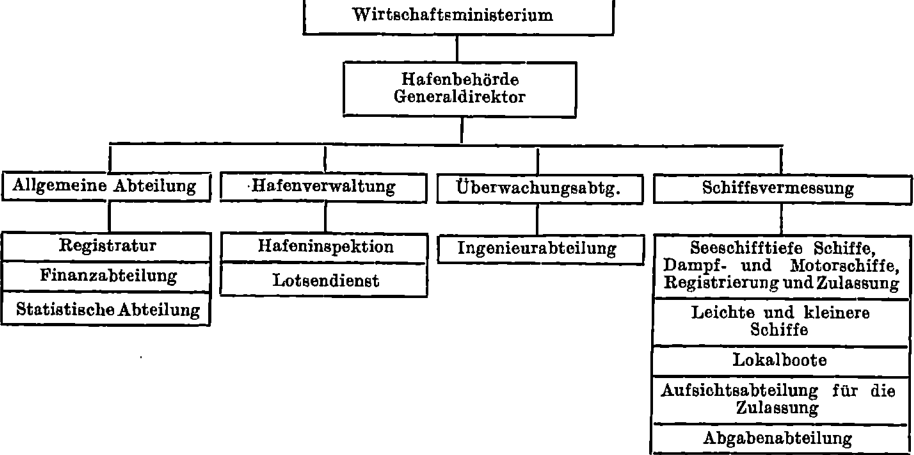

Die Zollbehandlung der Waren untersteht der Zollbehörde (Department of Customs), das
dem Finanzministerium unterstellt ist (s. S. 23). An der Spitze steht der Generaldirektor, zur
Zeit Colonel Luang Karj Songkram.

Die verschiedenen Verordnungen (Bye-Laws) bestimmen, welche Fahrzeuge zwischen der
Barre und der Südgrenze des Hafens Bangkok einen Lotsen nehmen müssen. Allgemein ist dieses
vorgeschrieben für Fahrzeuge von 250 BRT aufwärts.

Die Höhe der Lotsensätze schwankt zwischen 166 Baht für das 250 RT-Schiff und 228 Baht für
das 1000 BRT-Schiff. Für größere Fahrzeuge sind für jede weiteren 50 BRT 2 Baht zu bezahlen.

Die Zollbehandlung der Einfuhrgüter geht wie folgt vor sich:

Jedes Schiff, das mit Gütern aus fremden Ländern beladen ist, ist gezwungen, an bestimmten
Piers (gemäß Abschnitt 6 der „Customs Regulations" B. E. 2469 (1926/27), § 12) anzulegen.
Diese Piers mit Lagerschuppen sind zur Zeit:

1. Tan Wang Lee,
2. East Asiatic Company, Ltd.,
3. Mitsui Bussan Kaisha, Ltd.,
4. Anglo-Siam Corporation, Ltd.,
5. Borneo Company, Ltd.,
6. Bombay Burmah Trading Corporation, Ltd.

In diesen Zollgebieten sind 14 Einfuhrschuppen (Landing Godowns) und drei Zollspeicher
(Bonded Warehouses), die der Borneo Company, der East Asiatic Company und Tan Wang
Lee gehören. Die „Bonded Warehouses" sind für Dauerlagerung von Gütern gebaut, und eine
besondere Erlaubnis muß für die Stapelung und Entnahme der Güter nachgesucht werden.

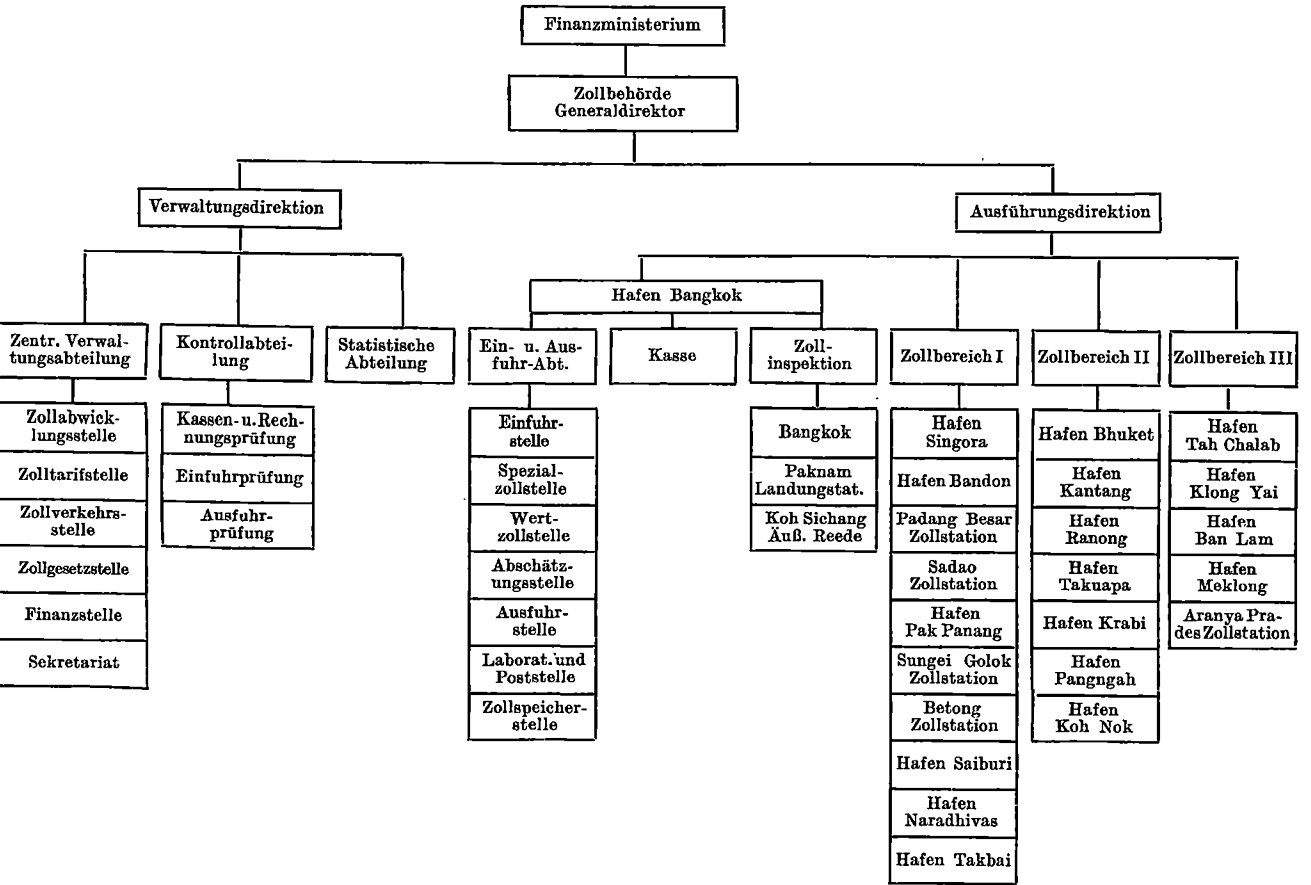

Finanzministerium
Zollbehörde Generaldirektor
Verwaltungsdirektion
Ausführungsdirektion
Zentr. Verwaltungsabteilung
Kontrollabteilung
Statistische Abteilung
Hafen Bangkok
Ein- u. Ausfuhr-Abt.
Kasse
Zollinspektion
Zollbereich I
Zollbereich II
Zollbereich III
Zollabwicklungsstelle
Zolltarifstelle
Zollverkehrsstelle
Zollgesetzstelle
Finanzstelle
Sekretariat
Kassen- u. Rechnungsprüfung
Einfuhrprüfung
Ausfuhrprüfung
Einfuhrstelle
Spezialzollstelle
Wertzollstelle
Abschätzungsstelle
Ausfuhrstelle
Laborat. und Poststelle
Zollspeicherstelle
Bangkok
Paknam Landungstat.
Koh Sichang Äuß. Reede
Hafen Singora
Hafen Bandon
Padang Besar Zollstation
Sadao Zollstation
Hafen Pak Panang
Sungei Golok Zollstation
Betong Zollstation
Hafen Saiburi
Hafen Naradhivas
Hafen Takbai
Hafen Bhuket
Hafen Kantang
Hafen Ranong
Hafen Takuapa
Hafen Krabi
Hafen Pangngah
Hafen Koh Nok
Hafen Tah Chalab
Hafen Klong Yai
Hafen Ban Lam
Hafen Meklong
Aranya Pra-des Zollstation

Grundsätzlich dürfen Güter von im Strom ankernden Fahrzeugen ohne besondere Erlaubnis des Zolles nicht entladen werden. Entladene Güter sind nur in den vom Zoll anerkannten und unter Zollaufsicht stehenden Godowns (Schuppen) oder Bonded Warehouses (Speichern) zu stapeln. Erst nachdem die vorgeschriebenen Zollerklärungen ausgefüllt, die Waren nachgeprüft und die Zollsätze gemäß dem Einfuhrzolltarif gezahlt sind, dürfen die Güter in das 'Inland abgegeben werden.

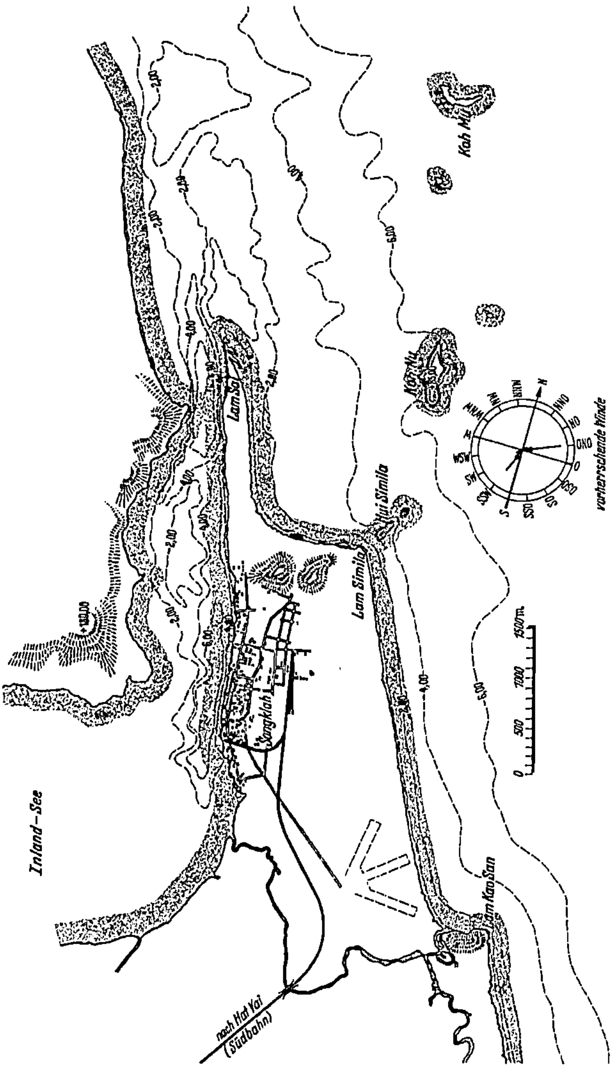

Es liegt auf der Hand, daß diese gesamte Verwaltungsarbeit sehr erschwert und verteuert wird durch die bisherige zersplitterte und ausgedehnte Hafenanlage an beiden Seiten des Menams.

Hier wird der neue Hafen mit seiner in sich geschlossenen übersichtlichen Anlage ganz wesentliche Vorteile mit sich bringen.

4. Die übrigen Häfen von Thailand.

Wie aus der Handelsstatistik von Thailand hervorgeht, liegt das Hauptgewicht des Außenhandels des Landes im Hafen von Bangkok. Alle übrigen Hafenplätze haben zur Zeit nur örtliche Bedeutung und sind entweder gar nicht oder nur für kleine Küstenfahrzeuge mit 'einfachen Landepiers und kleineren Schuppen und Speichern von Privatfirmen ausgestattet.

An der Ostküste Thailands sind es die Häfen Bandon, Sithammarat, Songkhla (Singora) (Abb. 50) und Patani (Abb. 51), die ihre Ein- und Ausfuhr über Bangkok leiten. Neben kleinen Küstendampfern mit wöchentlichem Verkehr sind es hauptsächlich Segelfahrzeuge, die den Transport der Güter im Küstenverkehr übernehmen.

Abb. 50. Hafen Songkhla (Singora) an der Ostküste der malaiischen Halbinsel. Tiefen bezogen auf MSprTnw. Springtidenhub 0,6 m, Nipptidenhub 0,2 m.

Zum großen Teil liegt das neben dem Fehlen von eigentlichen Hafenanlagen auch darin begründet, daß die Hafenplätze nicht die nötigen Tiefen für größere Fahrzeuge aufweisen. Die beigefügten Karten geben einen Überblick über die vorhandenen Verhältnisse. Die besten Bedingungen weist zweifellos Songkhla auf.

An der Westküste (Abb. 1) liegen die Verhältnisse ähnlich, nur daß der Handel der dort gelegenen Häfen hauptsächlich über Penang und Singapur läuft. Kantang, Krabi und Pangngah

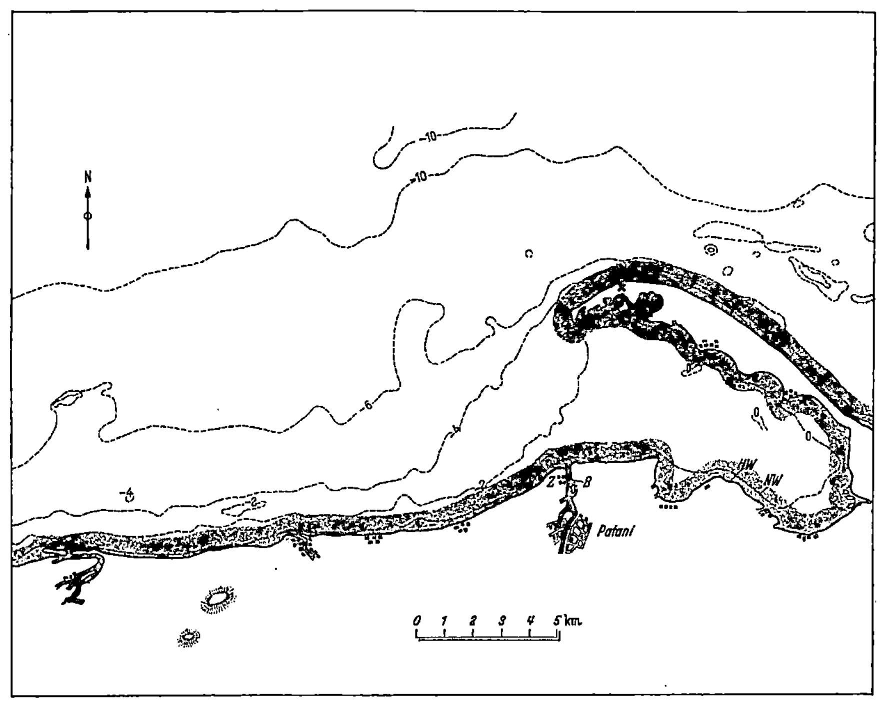

Abb. 51. Hafen Patani an der Ostküste der malaiischen Halbinsel. Tiefen bezogen auf MSprTnw. Springtidenhub 0,6 m, Nipptidenhub 0,3 m. Bl = Anlegebrücke, Z = Zoll.

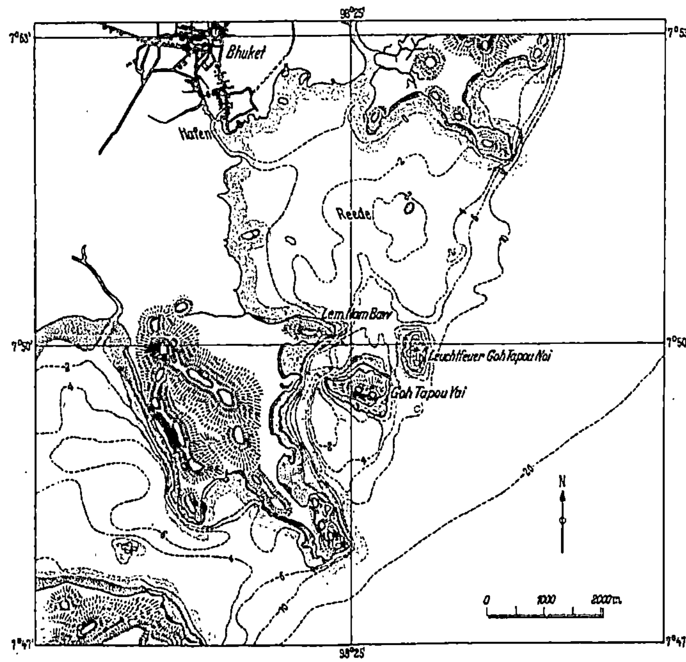

sind Flußmündungshäfen, die infolge der vorgelagerten, wechselnden Sandbänke nur für kleine Küstenfahrzeuge bis zu 200 t Größe zugänglich sind, und deren Flußläufe gleichfalls durch Sandbänke äußerst schwierig zu befahren sind. Kantang und Krabi leiden in der Monsunzeit an starkem Wellenschlag.

Der Zinnausfuhrhafen Bhuket (Abb. 52) besitzt einen inneren Hafen für kleinste Segelfahrzeuge, der aber bei Ebbe trockenfällt, eine innere geschützte Reede

Abb. 52. Hafen Bhuket (Puket) an der Westküste der malaiischen Halbinsel. Tiefen bezogen auf MSprTnw. Springtidenhub 3,1 m, Nipptidenhub 1,70 m.

für kleine Segelfahrzeuge, und eine äußere, ebenfalls geschützte Reede für Dampfer bis 3000 BRT, die hauptsächlich nach Singapur fahren (Abb. 53).

Abb. 53. Außenreede von Bhuket mit Zinnerzdampfer.

Der gesamte Küstenverkehr wird durch kleine Dampfer ausländischer Gesellschaften von 50—200 t in zweiwöchentlichem Verkehr in Verbindung mit Penang aufrechterhalten.

Nach dem neuen Schiffahrtsgesetz kann der inländische Küstenverkehr ab 1. Oktober 1939 nur noch durch Thaigesellschaften betrieben werden.

5. Die Voruntersuchungen für die Anlage eines Seehafens in Bangkok.

In den Jahren nach dem Kriege von 1914/18 war die Königliche Regierung verschiedentlich der Frage der Anlage eines neuen Seehafens in Bangkok nähergetreten und hatte dann Anfang des Jahres 1933 den Beschluß gefaßt, Voruntersuchungen anstellen zu lassen.

Zu diesem Zwecke hatte die Regierung in einem Schreiben vom 23. Februar 1933 den Völkerbund gebeten, die Meinung von Sachverständigen über die Anlage und den Ausbau eines Seehafens in Bangkok einzuholen.

Der Völkerbund beauftragte die drei Sachverständigen:

1. Mr. A. T. Coode, von der Firma Coode, Wilson, Mitchell and Vaughan-Lee, London, Beratende Ingenieure, England.

2. M. G. P. Nijhoff, Beratender Ingenieur, Holland.

3. M. P. H. Watier, Generaldirektor der Schiffahrtswege und Seehäfen beim Ministerium der öffentlichen Arbeiten, Frankreich,

einen entsprechenden Bericht auf Grund von örtlichen Untersuchungen aufzustellen, der im April 1934 erstattet wurde.

a) Bericht der Völkerbundkommission.

Der Bericht umfaßt die Vor- und Nachteile des seinerzeitigen Außenhandels von Thailand, des bestehenden Hafens von Bangkok und seines Zugangs zum Golf, die technischen Maßnahmen zur Verbesserung des Zugangs zum Golf, insbesondere des Durchstiches der Barre, und die neu zu errichtenden Hafenanlagen.

Die an Ort und Stelle gemachten Untersuchungen sind in einem Anhang beigefügt. Der Bericht kommt hinsichtlich der Anlage eines neuen Hafens und der Verbesserung der Zuwege zu einem positiven Ergebnis.

Im folgenden sollen kurz die Ergebnisse der Untersuchungen in deutscher Übersetzung angeführt werden.

1. Zusammenfassung (Kapitel II, F, 4).

B e d e u t u n g   d e r   b e r ü h r t e n   I n t e r e s s e n.

Die verschiedenen Arten von Schädigungen, die dem Siamesischen Handel durch die Unzulänglichkeit des Hafens von Bangkok und seiner Zufahrtswege jährlich entstehen, sind folgende:

		Bahts	Bahts
a)	Mittelbare und unmittelbare Kosten des Umschlags in Koh-Sichang .	1 700 000	—
b)	Folgen der Verwendung von Schiffen geringen Tonnengehalts und des Umschlages in Hongkong und Singapur	1 025 000	—
	1. Folgen der Unzulänglichkeit der Zufahrtswege zum Hafen, insgesamt	—	2 725 000
	2. Folgen der Unzulänglichkeit des Hafens	—	1 000 000
	1. und 2. Unzweifelhaft schädliche Wirkungen, geschätzt für ein Jahr	—	3 725 000
	3. Wahrscheinliche schädliche Wirkungen jährlich	—	5 000 000

Die Größe dieser Zahlen zeigt die ernsthaften Folgen eines solchen Zustandes für die Volkswirtschaft Thailands. Der Aufschwung und die wirtschaftliche Entwicklung von Thailand sind wesentlich abhängig von dem Umfang des Außenhandels. Etwa 90 vH dieses Handels geht über den Hafen Bangkok und die Unzulänglichkeit des Hafens und seiner Zufahrtswege ist gleichbedeutend mit einer unmittelbaren und sicheren Belastung von 3 750 000 Bahts und gleichbedeutend mit einer wahrscheinlichen mittelbaren Belastung von nicht weniger als 5 000 000 Bahts. Um die Bedeutung der eingetretenen Verluste zu erkennen, vergleiche man das Kapital, das der Staat in den großen Unternehmungen investiert hat, die zur nationalen Wirtschaft gehören, mit der Aufstellung, die die Kapitalisierung dieser mittelbaren und unmittelbaren Steuern enthält. Man wird finden, daß so berechnet die Folgen der Unzulänglichkeit des Hafens von Bangkok dem Kapital vergleichbar sind, das während der letzten 35 Jahre in die Staatseisenbahnen hineingesteckt worden ist.

2. Erforderliche Maßnahmen für die Verbesserung der Zufahrtswege (Kapitel II, G).

Man kommt zu dem Schluß, daß die Schaffung einer Wasserstraße, die bei jedem HW für Schiffe mit einem Tiefgang von 7 m befahrbar ist, für Siam eine unmittelbare Ersparnis von 1670000 Bahts jährlich und eine dauernd zunehmende mittelbare Ersparnis, die in einigen Jahren auf 2½ Mill. Bahts jährlich ansteigen wird, bedeutet.

Die zweite Frage, mit der sich die Gutachter auseinanderzusetzen hatten, ist folgende:

Welche Tiefe an der Barre ist erforderlich, um die Notwendigkeit des Umschlags in Koh-Sichang für die augenblicklich eingeführten Güter zu vermeiden, also für die Schiffe in denen diese Güter befördert werden?

Man erkennt aus den bisher Gesagten, daß der Hafen zu diesem Zweck bei jedem Hochwasser für Schiffe mit einem Tiefgang von 9,5 m zugänglich sein muß. Man muß dabei allerdings darauf hinweisen, daß 95 vH der gegenwärtigen Ausfuhr und 100 vH der gegenwärtigen Einfuhr umgeschlagen werden kann, wenn die Tiefe an der Barre ausreicht, um bei jedem Hochwasser Schiffe mit 8,5 m Tiefgang durchzulassen. Wenn diese Bedingung erfüllt würde, dann würden nur in Ausnahmefällen Schiffe mit mehr als 8,5 m Tiefgang in Koh-Sichang einen Teil der Ladung ableichtern müssen.

Es wird später einmal notwendig werden, die Wassertiefe an der Barre so zu vergrößern, daß sie Schiffen von 9,5 m oder auch 10 m Tiefgang die Zufahrt gestattet.

Mit diesem letzten Ausbau würde Bangkok zu den größten Häfen der Welt gerechnet werden können.

3. Technische Maßnahmen zur Verbesserung des Hafens von Bangkok (Kapitel III).

A. Die verschiedenen Lösungen für die Verbesserung der Seewasserstraße.

Es gibt drei Möglichkeiten, durch die eine größere Wassertiefe in der Seewasserstraße zum Hafen von Bangkok erreicht werden kann:

a) Ein ausreichend breiter und tiefer Schiffahrtskanal kann durch die Sandbänke an der Flußmündung gezogen werden.

b) Ein Seekanal mit Schleusen kann gebaggert werden, der sich an der Flußmündung entlangzieht und die offene See mit einem oberhalb der Mündung gelegenen Punkt des Menam verbindet, wo die natürlichen Verhältnisse für die Schiffahrt ausreichen.

c) Ein Hafen im tiefen Wasser kann an der Küste selbst gebaut werden und zwar außerhalb des Bereichs der Sandbänke an der Flußmündung. Dieser Hafen kann mit Bangkok durch Straße, Eisenbahn und eine Binnenwasserstraße verbunden werden.

B. Bau eines Schiffahrtskanals durch die Barre, allgemeines Verfahren.

Das Ergebnis ist also die Schaffung einer Zufahrt für Schiffe von 8,5 m Tiefgang bei jedem Hochwasser. Jedoch muß dieses Endziel schrittweise erreicht werden. Zunächst wird ein Kanal für Schiffe mit 7 m Tiefgang zu bauen sein, der später planmäßig weiter zu vertiefen wäre. Für den ersten Ausbau wird man zu Baggerungen greifen. Man ist dann imstande, einen wirtschaftlichen Ausbau in kürzester Frist zu erreichen, weil die Kosten für Baggerungen geringer sind als diejenigen für Strombauwerke. Man wird auf alle Fälle die Bagger nicht nur zum Bau des Kanals, sondern später auch für seine Unterhaltung verwenden. Als technisches Ziel ist anzustreben, daß ausschließlich Bagger verwendet werden, ohne Zuhilfenahme von Strombauten.

Aber die Erfahrung, die man in ähnlichen Fällen gesammelt hat, erlaubt den Schluß, daß erstens die Kosten für die Ausbaggerung und Unterhaltung eines solchen Kanals mit zunehmender Tiefe sehr stark anwachsen und bald zu sehr hohen Beträgen anlaufen werden.

Meistens könnte durch die Verwendung von leichten, wirtschaftlichen Strombauten wahrscheinlich eine Verringerung der endgültigen Kosten erreicht werden, sowohl in bezug auf die Schaffung des Wasserweges als auch in bezug auf seine Unterhaltung.

Es wird zweckmäßig sein, die Arbeiten im ersten Ausbauzustand auf die Baggerung eines Kanals von 7 m Tiefe bei Hochwasser mit Hilfe von Baggern allein zu beschränken.

Die Linienführung des Kanals müßte so gewählt werden, daß eine möglichst starke Räumung durch die Strömung eintritt.

Auf der Strecke zwischen dem grünen Blitz-Feuerschiff und der Breite von 13° 28′, wo der Kanal schon immer eine bemerkenswerte Standsicherheit gehabt hat, wie man das aus den verschiedenen Karten ersehen kann, müßte die Achse des auszubaggernden Querschnittes zusammenfallen mit der Achse des natürlichen Kanals. Alsdann würde zwischen den zwei endgültigen Absteckungslinien eine Kurve von etwa 3500 m Radius erforderlich sein.

Es ist zweckmäßig, in der Gegend der sog. eigentlichen Barre in der Nachbarschaft des weißen Blitz-Feuerschiffs die Linienführung nach Osten abzubiegen, um die Achse des zu baggernden Querschnittes möglichst senkrecht zu den Tiefenlinien verlaufen zu lassen und das tiefe Wasser auf dem kürzesten Wege zu erreichen. Durch dieses Vorgehen kann die Zeit gewonnen werden, um den Fluß an Hand von Modellversuchen betrachten zu können und festzustellen, bis zu welchem Maße Strombauten für die Aufrechterhaltung des Kanals technische und wirtschaftliche Vorteile bringen und den Betrag verringern können, der zunächst einmal für die Schaffung und Instandhaltung erforderlich ist.

Dieses empirische Verfahren wird nur dann zu befriedigenden Ergebnissen führen, wenn eine Reihe von Beobachtungen und Untersuchungen über die Wasserwirtschaft des Flusses unverzüglich in Angriff genommen und während der Ausführung des ersten Bauabschnittes fortgeführt wird, um eine Grundlage für den späteren Entwurf von Strombauten zu schaffen.

Die Konstruktion dieser Strombauten hat somit nur einen mittelbaren Zweck, nämlich die Baggerkosten für die spätere Vertiefung und Unterhaltung zu verringern und Querströmungen zu beseitigen.

D. Ausbau des Hafens.

1. **Allgemeine Ziele.** Der Ausbau des Hafens von Bangkok muß zwei klar unterschiedene Zwecke verfolgen; auf der einen Seite: gutausgerüstete Kaimauern oder Landungsbrücken mit Eisenbahnanschluß, die so gelegen sind, daß sie im Verhältnis zu der Zunahme des Verkehrs erweitert werden können; auf der anderen Seite: ein Industriegelände längs des Ufers, wo die Seedampfer liegen können und wo infolgedessen moderne Industrieanlagen angesiedelt werden können, die ihr Rohmaterial und ihre Erzeugnisse unmittelbar mit der Eisenbahn, dem Binnenschiff oder mit dem Seeschiff erhalten bzw. verfrachten.

Dieser zweifache Zweck kann auf zweifache Weise erreicht werden:

Die erste Lösung wäre die Schaffung von Hafenbecken, die sich vom Fluß aus erstrecken, von denen ein Teil für den Handel und der andere Teil für die Industrie bestimmt ist.

Die zweite Lösung wäre die Schaffung von Umschlagsanlagen an den Flußufern, wo die Wassertiefen von Natur aus vorhanden sind.

Die zweite Lösung verdient den Vorzug zum mindesten für den ersten Ausbau des Hafens.

Die Kosten der Anlagen werden natürlich geringer sein, da die Hafenbecken nicht ausgebaggert zu werden brauchen, und es wird für die Schiffe sehr einfach sein, längs der Landungsanlagen im Fluß zu liegen. Dazu kommt, daß das Wasser des Menam einen starken Schwebestoffgehalt hat und infolgedessen die Hafenbecken der Verschlickung ausgesetzt sein würden, was nicht unbeträchtliche Unterhaltungsbaggerungen erfordern würde.

In Bangkok und Umgebung befinden sich noch genügend Uferstrecken, um gegenwärtige und zukünftige Notwendigkeiten zu befriedigen.

Insbesondere das linke einbuchtende Ufer unterhalb der Eisenbahn und der Anlagen von Shell würde sehr geeignet erscheinen. In der unmittelbaren Nachbarschaft findet sich genügend Gelände für die Ansiedlung moderner Industrie. Jedoch ist längs des einbuchtenden Ufers auf den Strecken, wo der Fluß das Ankern von großen Schiffen erlaubt, das Gelände, das mit der Eisenbahn verbunden werden kann, nicht unbegrenzt.

2. **Umfang der vorgesehenen Arbeiten.** Das auszuführende Arbeitsprogramm enthält den Bau und die Ausrüstung von 1 km Kaistrecke mit Umschlagsplätzen, Schuppen, Speichern, Lagerflächen und Gleisanschlüssen sowie die Bereitstellung von Gelände für Handel und Industrie. Der erste Ausbau wird die sofortige Herstellung von 500 m gut ausgerüsteter Kaimauern mit Eisenbahnanschluß umfassen. Diese Kaimauer wird zweckmäßig auf dem linken Ufer unterhalb der Anlagen von Shell liegen.

E. Zusammenfassung (Kapitel III).

Die Schaffung eines Kanals durch die Barre von Bangkok ist der zweckmäßigste Weg, um eine seeschifftiefe Zufahrt zum Hafen zu erhalten. Dieses Verfahren ist von allen Seiten gesehen besser als der Bau eines Seekanals und viel besser als der Bau eines Küstenhafens.

Der Ausbau der Außenbarre wird nur einen geringen Einfluß auf den Salzgehalt des Flußwassers ausüben und infolgedessen werden landwirtschaftliche Belange nicht geschädigt werden.

Die Arbeiten des ersten Ausbaues sollen die Schaffung eines Kanals durch die Barre von 5 m Wassertiefe bei Tnw enthalten, um bei jedem Thw Schiffen mit einem Tiefgang von 7 m die Durchfahrt zu gewährleisten. Das Baggern ermöglicht den Beginn der Arbeit, kurz nachdem eine Entscheidung über ihre Ausführung gefallen ist. Die erforderlichen Tiefen können dadurch nach zwei Jahren erreicht werden. Dieses Verfahren ist bedeutend vorteilhafter als die Verbindung von Baggerarbeiten mit der Errichtung von Regelungsbauwerken.

Der Ausbau des Hafens von Bangkok umfaßt die Herstellung von 1000 m Kaimauern mit Umschlagsgeräten, Schuppen, Speichern, Freilagerflächen und Eisenbahnanschlüssen.

Im ersten Ausbau soll die Hälfte dieser Anlagen entstehen. Die erforderlichen Flächen längs des seeschifftiefen Ufers müssen sowohl für Handels- als auch für industrielle Zwecke erworben werden.

Mit diesem Ergebnis war der Regierung nunmehr die Möglichkeit gegeben, den Plan eines Seehafens Bangkok weiter zu verfolgen. Es kam nun darauf an, den günstigsten Generalplan für den Hafen und ein Gesamtarbeitsprogramm aufzustellen.

An Hand dieser waren dann die eingehenden Voruntersuchungen technischer und wirtschaftlicher Art in Angriff zu nehmen, da ja der Bericht auf Grund der Kürze der Zeit nur die beiden Hauptfragen Hafen und Zugang verneinen oder bejahen konnte. Alle weiteren Ausbau- und Einzelfragen konnten immer nur summarisch zusammengefaßt, aber niemals eine genaue Richtlinie gegeben werden.

Wir werden auch späterhin sehen, daß sowohl im Hafengeneralplan wie im Ausbau des Seekanals Änderungen eingetreten sind, die das eingehende Studium der örtlichen Bedingungen im Verlauf der letzten zwei Jahre unbedingt verlangte.

b) Die Ausschreibung des Generalplanes für den Seehafen Bangkok.

Nachdem die Regierungsgewalt 1932/33 in die Hände der jetzigen Regierung übergegangen war, hatte der Ministerrat unter dem Vorsitz des seinerzeitigen Ministerpräsidenten, S. E. Generalmajor Phya Bahol nach Eingang des Berichtes und weiterem Studium der wirtschaftlichen Fragen im Jahre 1936 beschlossen, den Ausbauplan des Seehafens international auszuschreiben.

Das Wirtschaftsministerium unter der Leitung des Herrn Ministers S. E. Phra Boribhand wurde mit der Weiterführung der Arbeiten beauftragt. Die Ausschreibung erfolgte im Juni 1937. Die Bedingungen hatten in deutscher Übersetzung folgenden Wortlaut:

Hafen Bangkok.
Allgemeine Bedingungen.

Es liegt in der Absicht des Ausschusses, daß der allgemeine Entwurf des Hafens Bangkok alle Forderungen erfüllt, die an einen modernen Hafen gestellt werden, wie Einrichtungen für den Güterverkehr, für die allgemeine Verwaltung des Hafens, für die Erleichterung des Umschlages, für eine genaue Zollkontrolle usw.

Die allgemeinen Forderungen sind folgende:

1. Die bestehende Menameisenbahn soll mit dem Hafen verbunden werden, damit eine schnelle Beförderung der Waren und Güter in das Innere des Landes ermöglicht wird. Die Eisenbahnanlagen innerhalb des Hafens dürfen die Grenzen nicht überschreiten, die in dem anliegenden Plan angegeben sind.

2. Für den sofortigen Gebrauch erforderlich ist eine Kaimauer von ungefähr 1800 m Länge. Außerdem soll aber der zukünftige Ausbau im Rahmen des verfügbaren Hafengeländes berücksichtigt werden.

3. Speicher und Schuppen für alle Arten von Waren und Gütern; ebenfalls mit einem Entwurf für die spätere Erweiterung.

4. Innerhalb des Hafengeländes sind vorzusehen:

a) Verwaltungsgebäude für die gesamte Zollverwaltung, Zollüberwachungsstellen für die unmittelbare Kontrolle im Hafen mit den notwendigen eingezäunten Flächen für die Besichtigung und Zollkontrolle,

b) Eine Quarantäne- und Einwandererstelle,

c) eine Lotsenstation,

d) Verwaltungsgebäude für die Hafenverwaltung,

e) Verwaltungsgebäude für die Hafenpolizei,

f) ein Bootshaus für 5—6 Zollmotorboote.

5. Unterkünfte für diejenigen Beamten, die im Hafen zu tun haben, sind vorzusehen.

6. Unterkünfte für die Hafenarbeiter.

7. Der Hafen soll mit modernen arbeitsparenden Maschinen und Geräten für den Umschlag aller Art von Waren ausgerüstet werden. Ferner sollen Wasserleitungen, Feuerschutzeinrichtungen, Signale usw. vorgesehen werden.

8. In gleicher Weise soll auch für die Güterbewegung auf Straßen und Eisenbahn gesorgt werden. Es ist vorgesehen, die jetzige Sunthorn-Kosa-Straße für den Verkehr zum Hafen auf sechs Verkehrsspuren zu verbreitern, wie das auf dem anliegenden Plan dargestellt ist.

An bestimmten Kaistrecken sollen kurze Eisenbahngleise mit Drehscheiben für den unmittelbaren Umschlag zwischen Eisenbahn und Seeschiff vorgesehen werden.

9. Es sind vorzusehen: Schuppen für Rohreis, weißen Reis, Freilagerplätze für Holzstämme und Bohlen. Diese Schuppen müssen durch Straße, Eisenbahn und auf dem Wasserwege zugänglich sein.

10. Ein Landungssteg für Hafenmotorboote ist vorzusehen.

11. Ein Hafenbahnhof für die Aufstellung und Ordnung der Wagen, die im Hafenverkehr gebraucht werden, soll in angemessener Größe innerhalb des angegebenen Geländes liegen.

Die Achsen der Eisenbahngleise sollen den kleinsten zulässigen Abstand von 4 m haben. Der geringste zulässige Krümmungshalbmesser beträgt 180 m.

Die Weichen sollen auf der Hauptstrecke eine Neigung von 1 : 10 und am Ufer eine Neigung von 1 : 8 haben.

12. Im südlichen Teil des Hafens ist Gelände für einen Hafenbahnhof und eine Anlegestelle für Schwerlastgüter wie Lokomotiven, Wagen, Schienen, Stahlbrücken usw. anzuweisen.

13. Der entwerfende Ingenieur hat volle Freiheit, den allgemeinen Entwurf unter Berücksichtigung der genannten allgemeinen Bedingungen aufzustellen.

14. Der Ausschluß behät sich das Recht vor, nicht an die Annahme irgendeines Entwurfs gebunden zu sein. Auch ist der Ausschuß nicht verpflichtet, Gründe für die Nichtannahme anzugeben.

15. Beim Entwurf sollen in erster Linie die Zweckmäßigkeit und Leistungsfähigkeit aber nicht die Kosten eine Rolle spielen.

Am 15. September 1937 liefen beim Wirtschaftsministerium neun Angebote ein von folgenden Firmen:

1. Mitsui Bussan Kaisha, Ltd., Bangkok, — Japan.

2. Christiani & Nielsen (Thailand), Ltd., Bangkok, — Dänemark.

3. Decour & Cabaud, Bangkok, — Frankreich.

4. Hamburg-Thai Company, Bangkok, (Prof. Agatz), — Deutschland.

5. Toed Chang, Bangkok, — Thailand.

6. „Impresitor", Imprese Italiane all'Estero-Oriente, S. A., Bangkok, — Italien.

7. Nai Miew, Bangkok, — Thailand.

8. Bangkok Dock Co., Ltd., Bangkok, — England.

9. Far East Oxygen & Acetylene Co., Ltd., Bangkok, — Frankreich.

Sie wurden eingehend von dem für den Hafenausbau gebildeten Komitee unter dem Vorsitz des Wirtschaftsministers S. E. Phra Boribhand geprüft. Man kam zu dem Entschluß, folgenden Wettbewerbern einen Preis von 2000 Baht für ihre Arbeiten zuzubilligen:

Mitsui Bussan Kaisha, Japan (Abb. 54 a, b).

Christiani & Nielsen, Dänemark (Abb. 55a bis c).

Toed Chang, Thailand (Abb. 56).

Hamburg-Thai Company, Bangkok (Abb. 57—60).

Den Anlaß zu meiner Beteiligung an der internationalen Generalplan-Ausschreibung gab Herr Lamazies, der Inhaber der Hamburg-Thai Company in Bangkok, der sich wegen Beteiligung deutscher Fachleute an den Inhaber seiner Korrespondenzfirma, Herrn Ernst Glässel, Bremen, wandte. Dieser nahm dann auf Grund unserer Zusammenarbeit beim Ausbau der Hafenanlagen in Bremerhaven in seiner Eigenschaft als damaliger Generaldirektor des Norddeutschen Lloyd in Bremen die Verbindung mit mir auf. Nachdem es mir möglich war, die für eine erfolgreiche

Beteiligung notwendigen Ergänzungsunterlagen zu beschaffen, beschloß ich, verschiedene Vorschläge auszuarbeiten, auch ohne die sonst unbedingt erforderliche Kenntnis der Örtlichkeit. Hierauf ist dann die Vielzahl der Vorschläge für den Generalplan und die Einzelbauten zurückzuführen.

Auf Grund meines späteren Studiums der örtlichen Bedingungen konnte keiner der eingereichten Pläne der vier preisgekrönten Wettbewerber ohne mehr oder weniger wesentliche Änderungen dem

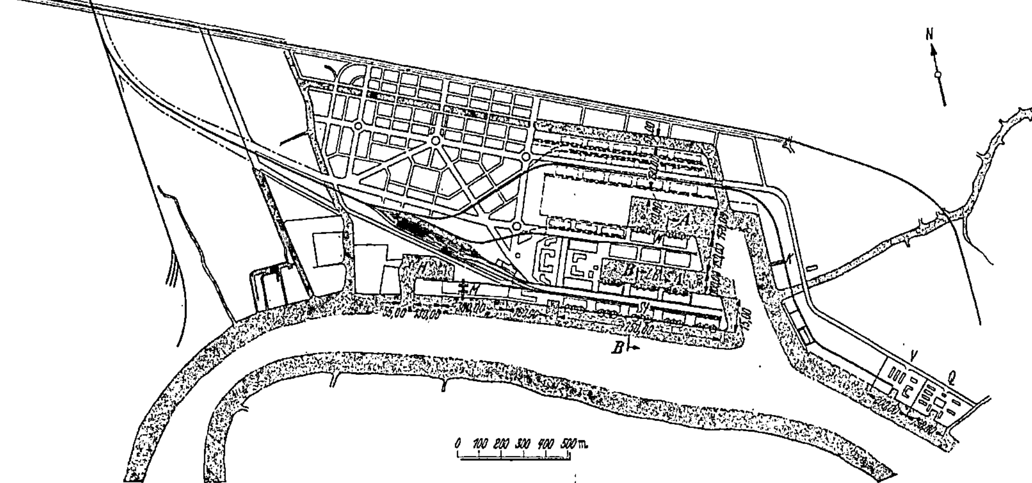

Abb. 54a. Entwurf der Fa. Mitsui, Japan, Lageplan.

H = Holzbecken, *LB* = Leichterbecken, *K* = Kohle, *V* = Viehhof, *Q* = Quarantäne, *St* = Stückgut, *M* = Massengut und Schwerlastanlage.

Generalplan für den neuen Hafen zugrundegelegt werden. Ganz allgemein lag allen Entwürfen der richtige Gedanke zugrunde, möglichst weitgehend den wertvollsten Teil des Hafens, das Menamufer, auszubauen und hinter ihm ein zweites Becken anzulegen. Zu wenig berücksichtigt aber war, auch das rückwärtige Hafengelände soviel wie möglich für Hafen- und Industriezwecke und nicht für Wohnviertel auszunutzen. Teilweise war auch nicht auf eine gute Eisenbahn- und Straßenverbindung zwischen Hafenbahnhof und Seeschiffshafen, Kais und Industrieplätzen Rücksicht genommen. Die Einfahrtsweite zum zweiten Hafenbecken war mit über 240 m wegen der großen Sinkstoffmengen des Menam zu groß. Zum Teil war auch eine rückwärtige Wasserverbindung für Binnenschiffe nicht vorgesehen. Von diesen Einzelheiten abgesehen, boten die obigen Pläne eine ausgezeichnete Grundlage — zumal von Christiani & Nielsen und der Hamburg-Thai Company eingehende Berichte mitgeliefert wurden —, nunmehr auf Grund eines eingehenden Studiums der örtlichen technischen und wirtschaftlichen Bedingungen den endgültigen Generalplan aufzustellen und den Umfang des ersten Ausbaues festzulegen.

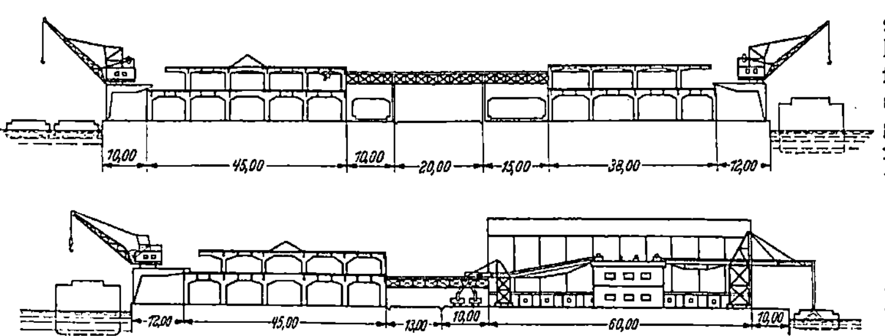

Abb. 54b. Entwurf der Fa. Mitsui, Querschnitte B—B und A—A der Abb. 54a.

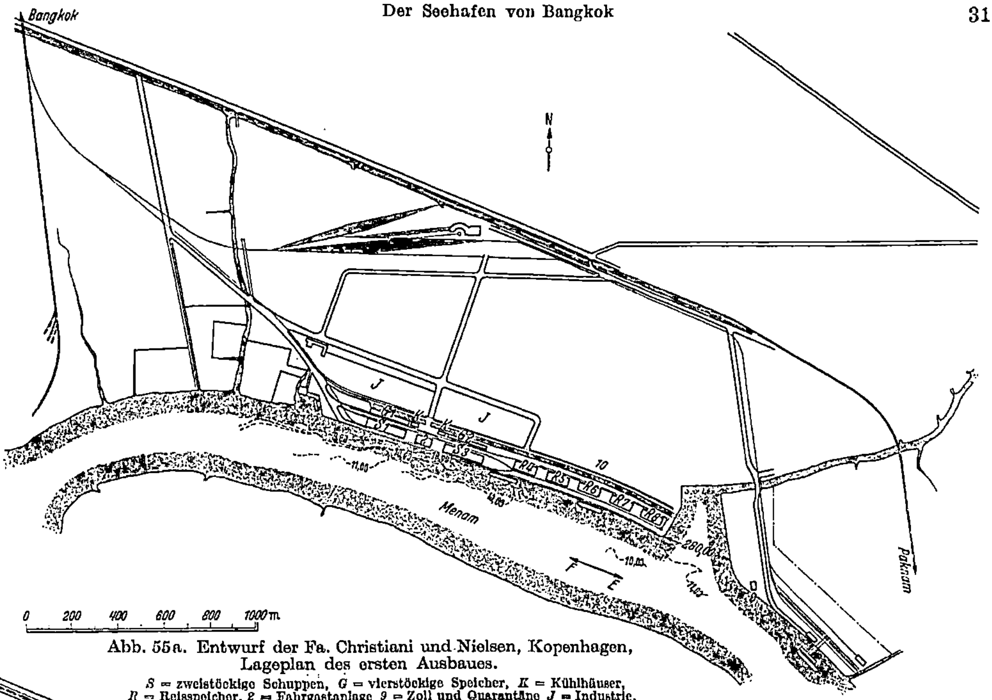

Abb. 55a. Entwurf der Fa. Christiani und Nielsen, Kopenhagen,
Lageplan des ersten Ausbaues.

S = zweistöckige Schuppen, G = vierstöckige Speicher, K = Kühlhäuser,
R = Reisspeicher, 2 = Fahrgastanlage 9 = Zoll und Quarantäne J = Industrie,
private Speicher, Schlachtvieh usw., 10 = Reismühlen und Silos.
F = Flut, E = Ebbe.

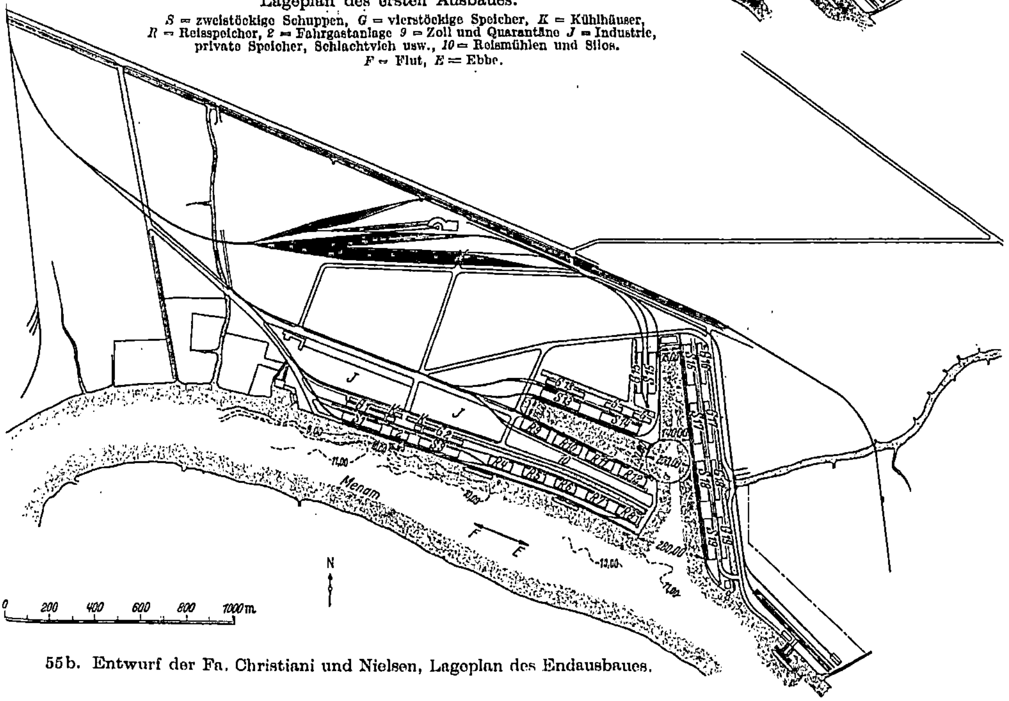

55b. Entwurf der Fa. Christiani und Nielsen, Lageplan des Endausbaues.

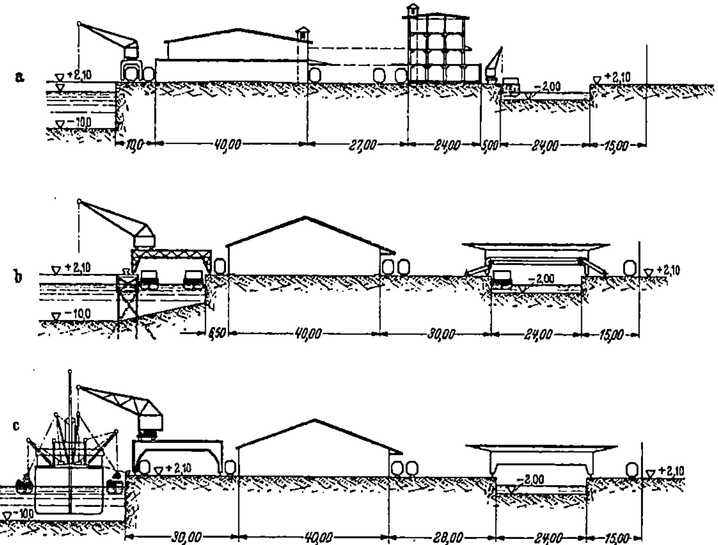

Abb. 55c. Entwurf der Fa. Christiani und Nielsen, Querschnitte.

a = Stückgutkai mit zweistöckigem Speicherschuppen für die Einfuhr und vierstöckigem Speicher, *b* = Reiskai. Der Binnen-schifffskanal ist durch eine Fußgängerbrücke mit elektrischem Sackförderband überspannt. Die Brücke ist in der Kanalachse be-weglich. Rechts der Abbildung liegen Reismühlen und Reissilos, *c* = Kai für besondere Güter. Von links nach rechts: Kai zum Stapeln von Holz und anderen sperrigen Gütern (Freiladeplatz), Ausfuhrschuppen für Reis oder Salz, Straße, Brücke wie unter *b*, Kai für Binnenschiffe, Platz für Reismühlen und Reissilos.

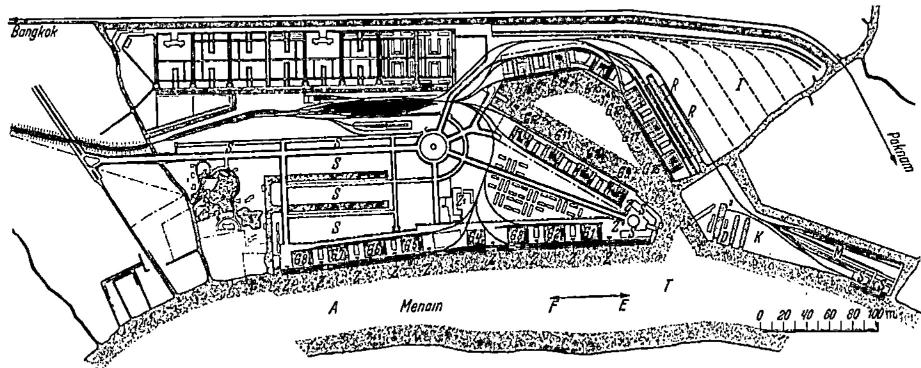

Abb. 56. Entwurf der Fa. Toed Chang, Bangkok, Lageplan.

A = Liegeplätze im Strom, *D* = Trockendocks, *E* = Ebbstrom, *F* = Flutstrom, *G* = Speicher, *I* = Industrie, *K* = Kohlenstation, *M* = Massengut, *P* = Fahrgastanlage, *R* = Reisschuppen, *S* = Schuppen, *T* = Wendekreis von 350 m Durchmesser, *Z* = Zoll.

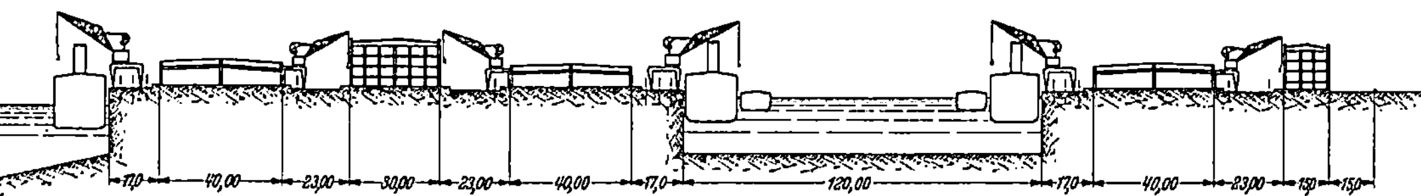

Abb. 58. Entwurf der Hamburg Thai-Comp.   Querschnitt für den Endausbau des 1. Entwurfs.
Schuppen und Speicher in Eisenbeton.

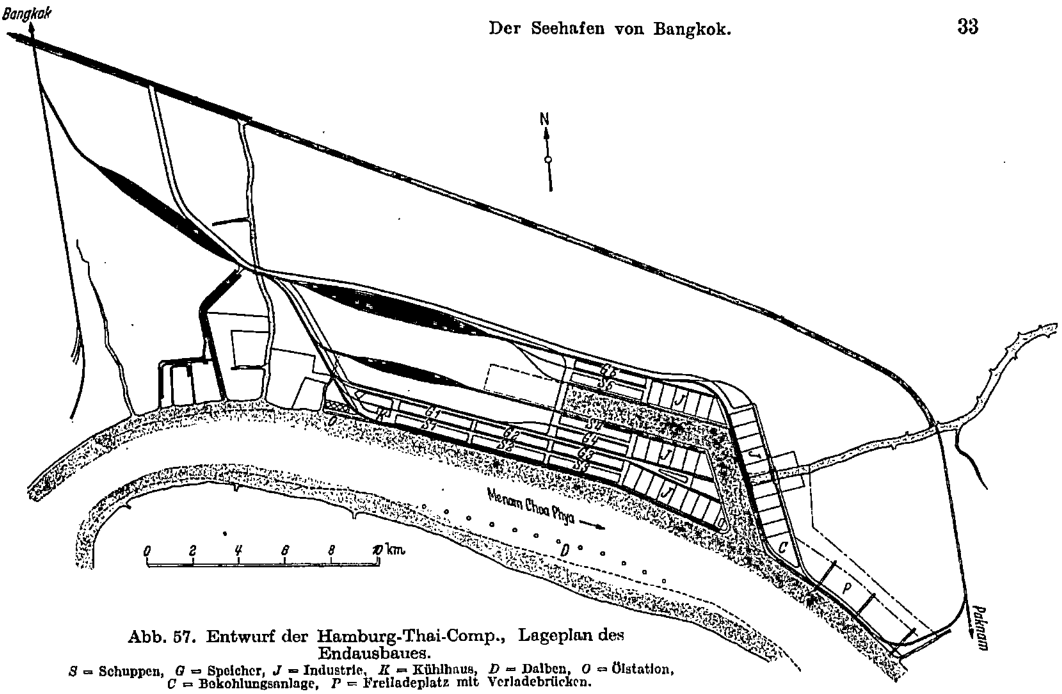

Abb. 57. Entwurf der Hamburg-Thai-Comp., Lageplan des
Endausbaues.

S = Schuppen, *G* = Speicher, *J* = Industrie, *K* = Kühlhaus, *D* = Dalben, *O* = Ölstation,
C = Bekohlungsanlage, *P* = Freiladeplatz mit Verladebrücken.

6. Die Aufstellung des Generalplanes für den Seehafen Bangkok.

Nachdem so die Ansichten verschiedener internationaler Fachleute bzw. Firmen vorlagen, wurde beschlossen, einen Sachverständigen zu gewinnen, der den Entwurf des Generalplanes übernehmen und auch den weiteren Ausbau von Hafen und Menam überwachen sollte.

Die königliche Regierung beauftragte den kgl. Thaigesandten in London, S. E. Phay Rajawangsan sich mit mir in Verbindung zu setzen, und es kam dann zu meiner ersten Reise nach Bangkok vom 17. Mai bis 22. Juli 1938 und meinem zweiten Aufenthalt in Thailand vom 21. Juni 1939 bis 6. Dezember 1939. In dieser Zeit entstand in Bangkok und in meinem Büro in Berlin in verständnisvoller harmonischer

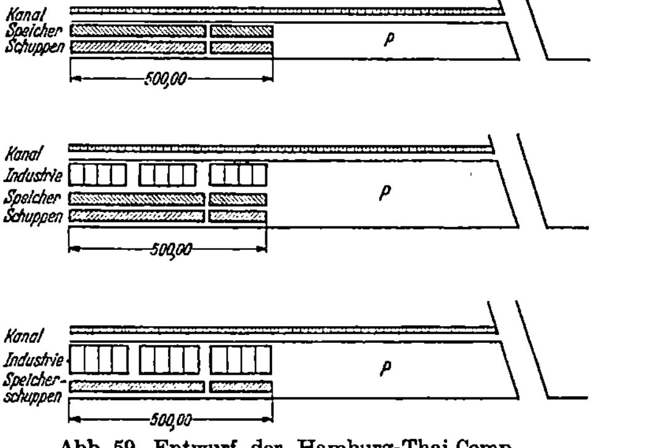

Abb. 59. Entwurf der Hamburg-Thai-Comp.
Wahlvorschläge für die Schuppenanordnung.
P = Freiladeplatz.

Zusammenarbeit aller Stellen der im Nachfolgenden näher beschriebene Generalplan des Gesamtausbaues und des ersten Ausbaues.

a) Lage des Hafens.

In richtiger Erkenntnis, daß nur ein von der Bebauung der Stadt Bangkok bislang freigebliebenes, genügend großes Gelände für die großzügige Anlage eines Seehafens in Frage kam, hat die königliche Thai-Regierung stromabwärts der Stadt ein entsprechend großes Gelände sichergestellt. (Abb. 84). Dieses wird begrenzt im Norden und Osten von der Bahn Bangkok—Paknam, im Süden von dem Chow—Phraya-Fluß. Die westliche Begrenzung ist dadurch gegeben, daß hier nur ein dreieckförmiges Areal von Grundstücken erworben werden konnte, das zur Heranführung der

Eisenbahn und zur Entwicklung der Ausziehgleise dient. Das eigentliche Hafengelände geht in voller Breite bis zu dem im Westen verlaufenden Klong Toi[1]. Die siamesische Regierung hat nachträglich im Norden der jetzigen Einfahrgruppe noch zusätzliche Grundstücke erworben.

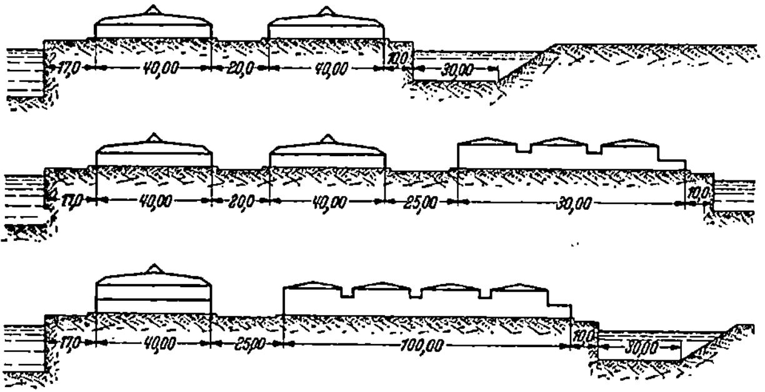

Abb. 60. Entwurf der Hamburg-Thai-Comp. Querschnitte zu den Grundrißlösungen der Abb. 59.

a = links Schuppen, rechts Speicher, b = Schuppen, Speicher und Industrie, c = Speicherschuppen und Industrie, überall links: seeschifftiefer Fluß, rechts Binnenschiffahrtskanal.

Der Hafen liegt etwa 27 bis 28 km oberhalb der Mündung und 15 km unterhalb der Stadtmitte von Bangkok (Abb. 84). Innerhalb des Hafengeländes münden zwei Wasserwege in den Fluß, der Klong Toi und der Klong Phra Kanong, von denen der erstere teilweise zugeschüttet werden muß (Abb. 66). Der Abfluß wird um den Hafen herum in den Klong Phra Kanong verlegt. Dieser östliche Wasserlauf bleibt als Zubringer vom Binnenlande und als Vorfluter erhalten.

Da das Hafengelände sonst unbebaut ist, brauchen keine Rücksichten auf bestehende Anlagen genommen zu werden. Der Eisenbahnanschluß des Hafens wird von Westen her erfolgen, wo ein Industriegleis von Norden nach Süden an den Chow-Phraya-Fluß läuft. Dieses Gleis kreuzt die Bahn Bangkok—Paknam. Südlich dieses Punktes zweigen die Hafenanschlußgleise ab. Das Hafengelände liegt zur Zeit auf etwa + 0,90 m und wird auf den Kaistrecken auf + 2,10 m bis + 2,24 m aufgehöht werden

b) Forderungen an den Hafen.

Der Hafen soll nach Durchbaggerung der Barre vor der Flußmündung Seeschiffen von 7 m Tiefgang bei MThW im ersten Ausbau und von 8 m Tiefgang im endgültigen Ausbau offenstehen, d. h. also, daß der Hafen von dem Regelfrachtschiff des Weltverkehrs jederzeit angelaufen werden kann.

Die größten, zur Zeit regelmäßig Koh-Sichang anlaufenden Schiffe der East-Asiatic-Comp. haben folgende Abmessungen (siehe Tafel 4).

Für die Zukunft muß damit gerechnet werden, daß auch die Klasse der Asien-Frachtdampfer anderer Reedereien Bangkok regelmäßig anlaufen wird.

Als Beispiel für die Abmessungen dieser Regelfrachtschiffe des Ostasiendienstes mögen die folgenden Dampfer deutscher Reedereien gelten (s. Tafel 5).

Tafel 4: Größe der nach Bangkok fahrenden Schiffe.

Name des Schiffes	Baujahr	BRT	Ladefähigkeit in t	Art	Länge m	Breite m	Tiefgang m
Asia	1919	7014	10 800	MS	130	16,80	8,80
Selandia	1912	4950	6 770	MS	113	16,20	7,39
Boringia	1930	5821	8 150	MS	130	17,45	7,52
Lalandia	1927	4913	7 480	MS	119	16,25	7,59
Jutlandia	1934	8457	7 950	MS	133	18,60	7,60
Fionia	1914	5219	6 820	MS	120	16,20	7,46
Meonia	1927	5218	7 500	MS	123	16,56	7,57
Peru	1916	6962	10 325	MS	130	16,81	8,35

Tafel 5: Größe der Regelfrachtschiffe des deutschen Ostasiendienstes.

Name des Schiffes	Baujahr	BRT	Ladefähigkeit in t	Art	Länge m	Breite m	Tiefgang m
Fulda	1924	7744	8 135	MS	140	17,57	8,88
Burgenland	1928	7320	8 195	MS	141	18,65	7,99
Oldenburg	1923	8537	10 835	D	144	17,75	8,41
Oder	1927	8516	11 695	D	155	19,39	8,57
Ramses	1926	7983	9 695	MS	147	19,11	8,29
Aller	1927	7627	10 980	D	153	19,24	8,30
Kulmerland	1929	7363	8 525	MS	141	18,33	7,94
Franken	1926	7789	11 190	D	150	19,47	8,33
Duisburg	1928	7389	8 525	MS	141	18,33	7,94
Elbe	1929	9179	9 060	MS	149	18,47	8,84
Sauerland	1929	7087	7 835	MS	141	18,62	7,98
Leverkusen	1928	7386	8 525	MS	141	18,33	7,94
Donau	1929	9035	11 115	D	159	19,39	8,54
Alster	1928	8514	11 695	D	155	19,39	8,57

[1] Klong = Binnenschiffahrtskanal.

Der Umschlag des Hafens geht aus Tafel 6 hervor:

Der Aus- u. Einwandererverkehr von und nach Bangkok ist beträchtlich und erfordert besondere Anlagen am Flußufer.

Außerdem soll der Hafen Anlagen zur Bunkerung von Kohle, Trockendocks zur Ausbesserung von Schiffen mit dem dazugehörigen Werftgelände, eine Viehumschlagsanlage und die notwendigen Gebäude für Hafenverwaltung, Zoll und Polizei enthalten.

Tafel 6: Größe des Umschlages im neuen Hafen Bangkok.

	Stückgüter		Reis
	Einfuhr in t	Ausfuhr in t	Ausfuhr in t
Erster Ausbau	200 000	70 000	400 000
Endausbau	400 000	160 000	2 234 300 (max. 3 350 000)
bisheriger Gesamthandel Siams	450 000	160 000	1 600 000

Außer dem Eisenbahn- und Straßen- in den Hafen eingeführt werden, da ein beträchtlicher Teil, besonders der Reiszufuhr, durch Binnenkähne bewerkstelligt wird. soll auch der Binnenschiffsverkehr möglichst reibungslos

c) Natürliche Verhältnisse.

Der Wind ist schwach und weht vorwiegend aus Südwesten im Sommer (Mai bis September) und aus Nordosten im Winter. Er ist nicht von Einfluß auf die Gestaltung der Hafenanlagen gewesen. Der Tidenhub beträgt im Mittel 1,64 m.

Folgende Wasserstände sollten dem Entwurf des Hafens zugrunde gelegt werden:

HThw . . . . . . +1,80 m
MW . . . . ±0
NTnw . . . . . . —1,50 m

Neuerdings sind folgende Wasserstände ermittelt worden (Abb. 61):

HThw . . . . . +2,07 m
MThw . . . . . +0,89 m
MW . . . . . ±0
MTnw . . . . . —0,75 m
NTnw . . . . . —1,72 m

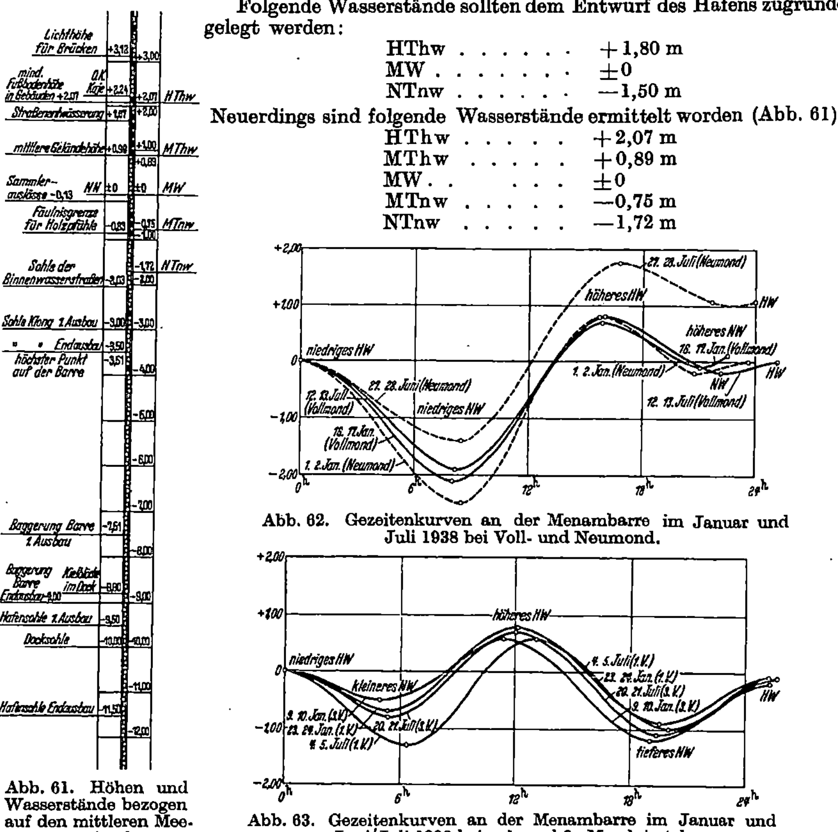

Abb. 61. Höhen und Wasserstände bezogen auf den mittleren Meeresspiegel.

Abb. 62. Gezeitenkurven an der Menambarre im Januar und Juli 1938 bei Voll- und Neumond.

Abb. 63. Gezeitenkurven an der Menambarre im Januar und Juni/Juli 1938 beim 1. und 3. Mondviertel.

Die Gezeiten sind bei gemischter Form, d. h. ihr Verlauf wiederholt sich erst nach rd. 25 Stunden. Es tritt jeweils ein höheres und nach etwa 12¹/₂ Stunden eine niedrigeres ThW

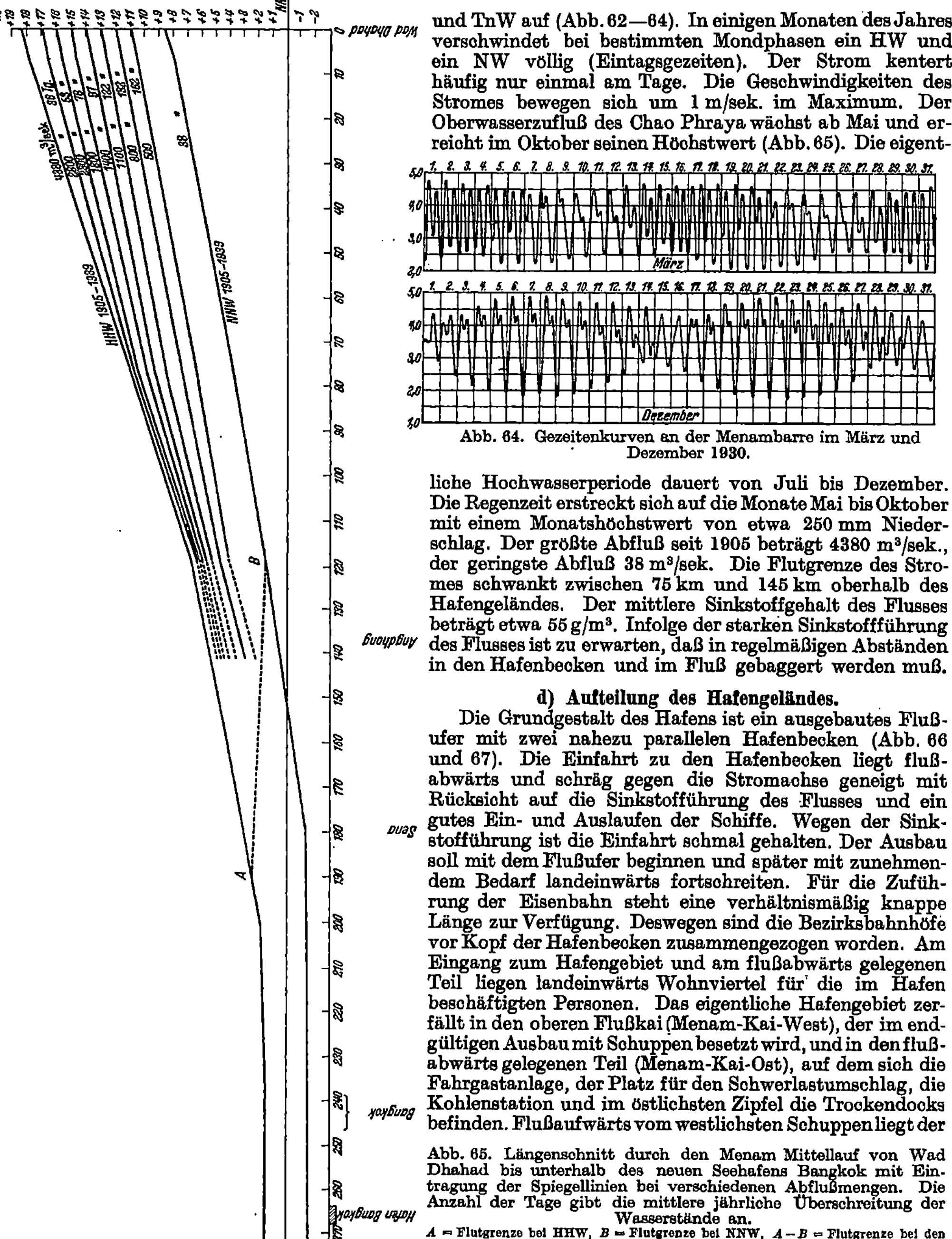

Abb. 65. Längenschnitt durch den Menam Mittellauf von Wad Dhahad bis unterhalb des neuen Seehafens Bangkok mit Eintragung der Spiegellinien bei verschiedenen Abflußmengen. Die Anzahl der Tage gibt die mittlere jährliche Überschreitung der Wasserstände an.

A = Flutgrenze bei HHW, B = Flutgrenze bei NNW, A—B = Flutgrenze bei den übrigen Wasserständen.

und TnW auf (Abb. 62—64). In einigen Monaten des Jahres verschwindet bei bestimmten Mondphasen ein HW und ein NW völlig (Eintagsgezeiten). Der Strom kentert häufig nur einmal am Tage. Die Geschwindigkeiten des Stromes bewegen sich um 1 m/sek. im Maximum. Der Oberwasserzufluß des Chao Phraya wächst ab Mai und erreicht im Oktober seinen Höchstwert (Abb. 65). Die eigent-

Abb. 64. Gezeitenkurven an der Menambarre im März und Dezember 1930.

liche Hochwasserperiode dauert von Juli bis Dezember. Die Regenzeit erstreckt sich auf die Monate Mai bis Oktober mit einem Monatshöchstwert von etwa 250 mm Niederschlag. Der größte Abfluß seit 1905 beträgt 4380 m³/sek., der geringste Abfluß 38 m³/sek. Die Flutgrenze des Stromes schwankt zwischen 75 km und 145 km oberhalb des Hafengeländes. Der mittlere Sinkstoffgehalt des Flusses beträgt etwa 55 g/m³. Infolge der starken Sinkstoffführung des Flusses ist zu erwarten, daß in regelmäßigen Abständen in den Hafenbecken und im Fluß gebaggert werden muß.

d) Aufteilung des Hafengeländes.

Die Grundgestalt des Hafens ist ein ausgebautes Flußufer mit zwei nahezu parallelen Hafenbecken (Abb. 66 und 67). Die Einfahrt zu den Hafenbecken liegt flußabwärts und schräg gegen die Stromachse geneigt mit Rücksicht auf die Sinkstoffführung des Flusses und ein gutes Ein- und Auslaufen der Schiffe. Wegen der Sinkstoffführung ist die Einfahrt schmal gehalten. Der Ausbau soll mit dem Flußufer beginnen und später mit zunehmendem Bedarf landeinwärts fortschreiten. Für die Zuführung der Eisenbahn steht eine verhältnismäßig knappe Länge zur Verfügung. Deswegen sind die Bezirksbahnhöfe vor Kopf der Hafenbecken zusammengezogen worden. Am Eingang zum Hafengebiet und am flußabwärts gelegenen Teil liegen landeinwärts Wohnviertel für die im Hafen beschäftigten Personen. Das eigentliche Hafengebiet zerfällt in den oberen Flußkai (Menam-Kai-West), der im endgültigen Ausbau mit Schuppen besetzt wird, und in den flußabwärts gelegenen Teil (Menam-Kai-Ost), auf dem sich die Fahrgastanlage, der Platz für den Schwerlastumschlag, die Kohlenstation und im östlichsten Zipfel die Trockendocks befinden. Flußaufwärts vom westlichsten Schuppen liegt der

Bootshafen für Zoll und Verwaltung. Hinter den Schuppen liegen im ganzen Hafen entweder Stückgutspeicher oder Reismühlen mit Silos und dem übrigen Zubehör (Abb. 68—70). Einheitlich

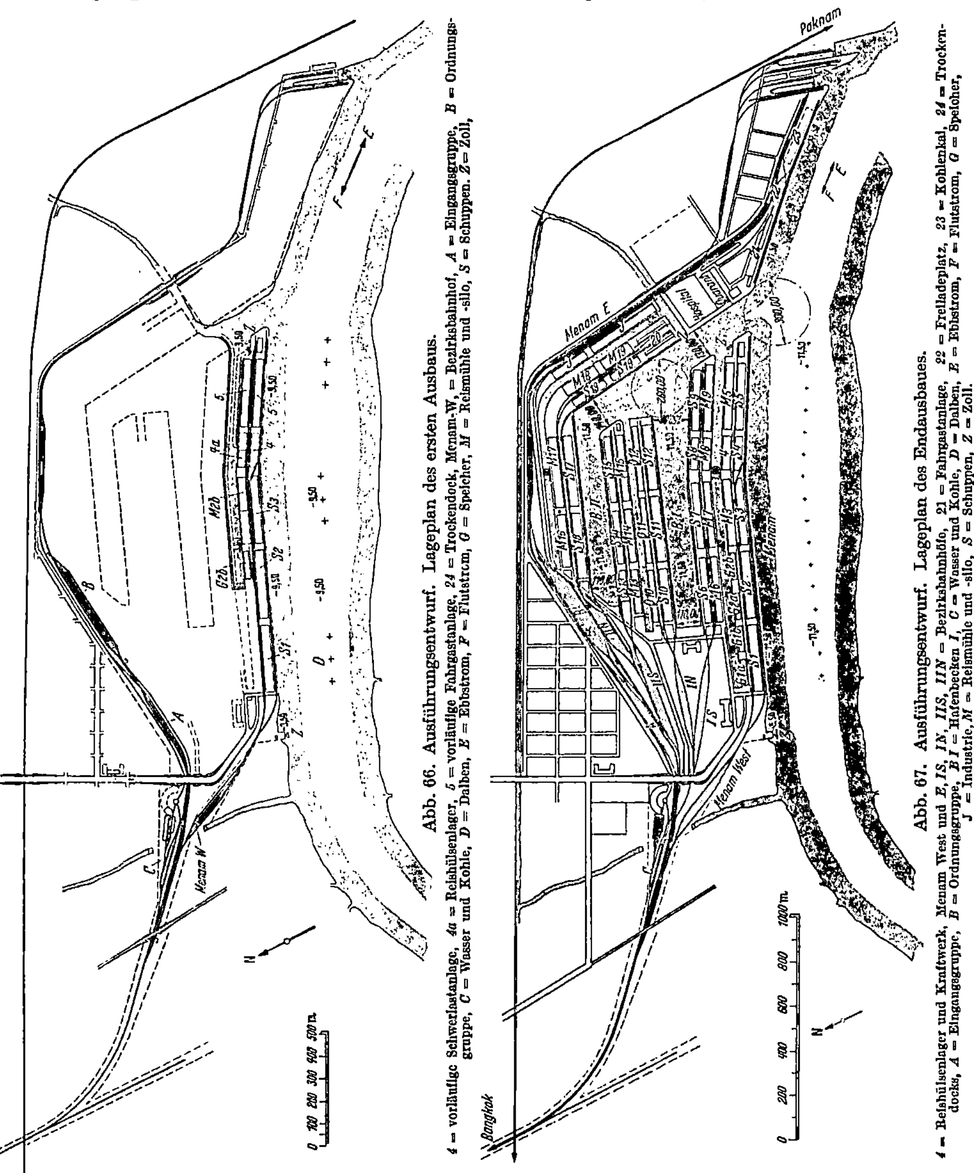

Abb. 66. Ausführungsentwurf. Lageplan des ersten Ausbaus.

Abb. 67. Ausführungsentwurf. Lageplan des Endausbaues.

durchgeführt ist die Anordnung eines Klongs (Kanals) hinter den Speichern und Reismühlen. Auf diese Weise können die Güter mit den Binnenschiffen unmittelbar an die Lagerhäuser und Reismühlen gebracht werden (Abb. 68).

Die Breite dieser Klongs richtet sich nach den Anforderungen des Verkehrs, also im wesentlichen nach der Anzahl der Reismühlen und der Länge des Kais.

Bei den Hafenbecken wurde eine Mindestbreite von 110 m innegehalten. Außerdem ist durch einen Wendekreis von 300 m Durchmesser vor der Abzweigung der Hafenbecken und einen zweiten mit 260 m Durchmesser vor Kopf des Beckens I dafür gesorgt, daß die Beweglichkeit des Verkehrs aufrechterhalten bleibt An dem Zufahrtskanal sind Viehumschlagsanlagen und Quarantäne mit Hospital vorgesehen. Die letzteren sind unmittelbar mit der Fahrgastanlage verbunden, um bei der Einwanderung die Gesundheits-

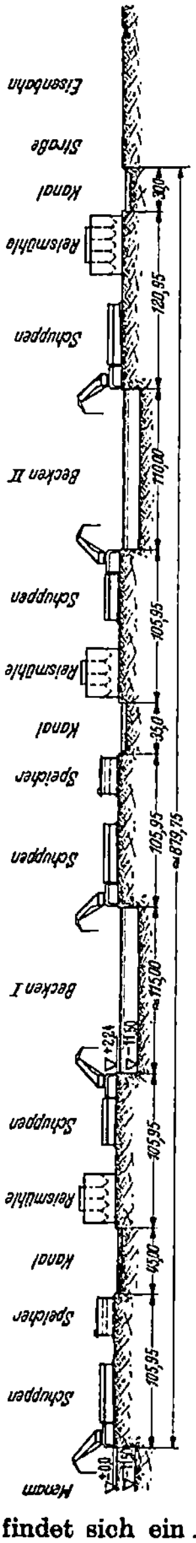

Abb. 68. Ausführungsentwurf. Querschnitt durch das Hafengelände.

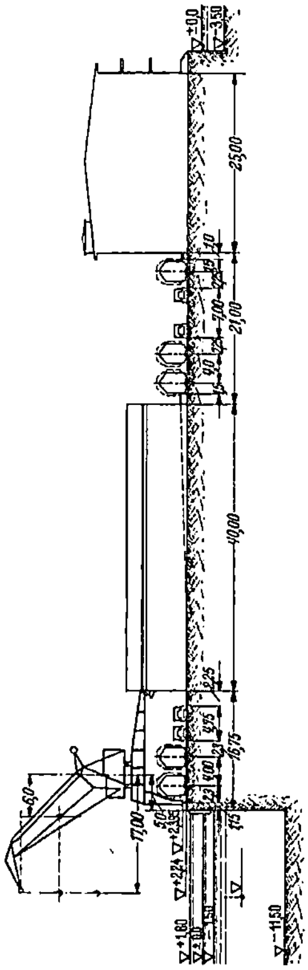

Abb. 69. Ausführungsentwurf. Querschnitt durch Schuppen und Speicher.

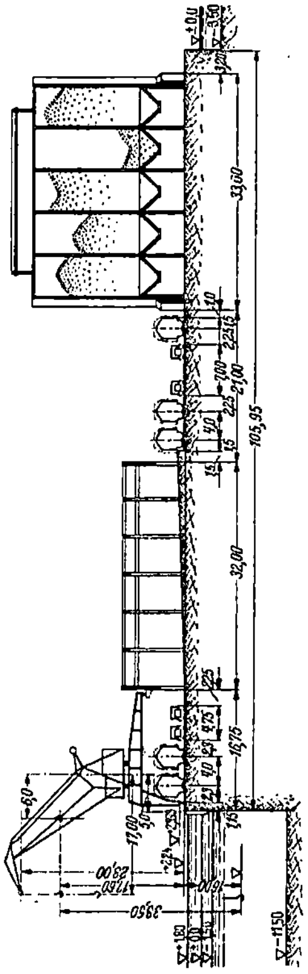

Abb. 70. Ausführungsentwurf. Querschnitt durch Schuppen und Reismühle.

überwachung zu erleichtern. Vor dem Kai ist im Endausbau ein 250 m breiter Wasserstreifen des Flusses für den Hafenbetrieb mit in Anspruch genommen, der mit einer Reihe von Dalben versehen ist, um Liegestellen für Seeschiffe und Umschlagstellen für den reinen Wasserumschlag zu schaffen. Seine Sohlenlage deckt sich mit der vor der Kaje (—11,50 m im Endausbau).

e) Eisenbahnverkehrswege.

Der Haupthafenbahnhof (Abb. 71 und 72) besteht aus einer Einfahrgruppe, einer Ordnungsgruppe und der Ausfahrgruppe. Zwischen der Einfahr- und der Ordnungsgruppe, die durch zwei Gleise miteinander verbunden sind, befindet sich ein Ablaufberg. In die Einfahrgleise (A) fahren die Züge aus dem Inland unmittelbar ein. Die Züge aus den Bezirksbahnhöfen (*Menam W, IS, IN, IIS, IIN*) fahren zunächst in die Ausziehgleise vor der Einfahrgruppe (E) ein und setzen dann in die Einfahrgruppe (A) zurück. Die aus dem Inland und den Bezirksbahnhöfen eingefahrenen Züge werden über den

Ablaufberg (*F*) gedrückt und gelangen durch Schwerkraft in die Richtungsgleise (*B*), geordnet nach Bezirksbahnhöfen bzw. nach den Richtungen der vier Inlandstrecken.

Aus den Ordnungsgleisen (*B*) werden die Züge in die Ausfahrgleise (*D*) vorgezogen. Hierbei können Züge aus den Wagen verschiedener Richtungen zusammengesetzt werden. Die Zuglokomotive setzt sich vor den fertigen Zug nach dem Inland und verläßt mit ihm das Hafengelände. Die Rangierlokomotiven, die die Züge aus den Bezirksbahnhöfen in die Einfahrgleise (*A*) gebracht haben, gelangen auf dem Umfahrgleis zur Ordnungsgruppe (*B*) und bringen die Kaizüge über die Ausfahrgleise (*D*) und die Umfahrgleise in die Ausziehgleise im Westen (*E*) und von dort aus in die verschiedenen Bezirksbahnhöfe. Bei den Bezirksbahnhöfen II Nord und Süd besteht auch die Möglichkeit der direkten Einfahrt von Osten.

Jeder Kai hat einen eigenen Bezirksbahnhof (*Menam W, I S, I N, II S, II N, Menam E*) erhalten. Aus diesen Bahnhöfen zweigen Gleise ab, die die Schuppen von beiden Seiten umfassen, während die Speicher nur einseitig berührt werden, damit auf der Klongseite der Quertransport aus den Binnenschiffen nicht gestört wird. Die Anzahl der Gleise, die vor dem Schuppen liegen, beträgt zwei, die der Gleise hinter den Schuppen ebenfalls zwei. Vor dem Speicher liegt ein Gleis. Durch Querverbindungen zu den Schuppengleisen kann hier ein Zufahrtgleis entbehrt werden. Im ganzen stehen also auf einer Kaihälfte zwei Zufahrtsgleise (Verkehrsgleise) zur Verfügung, von denen ein Gleis vor und das andere hinter dem Schuppen liegt, ferner drei Ladegleise, je ein Gleis an der Kaikante hinter den Schuppen und vor den Speichern bzw. Reismühlen. (Abb. 69 u. 70.)

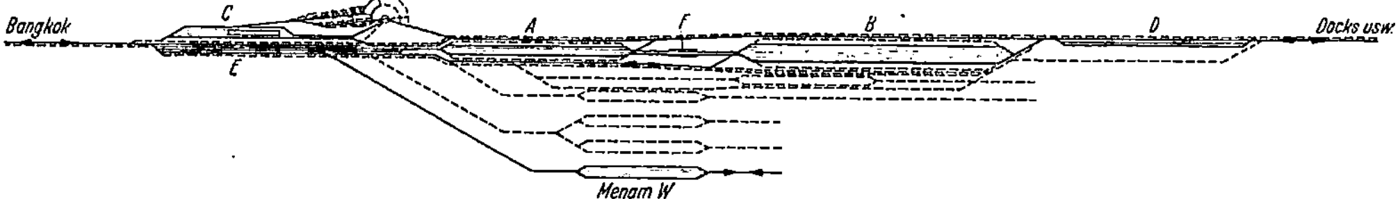

Abb. 71. Anordnung der Eisenbahnanlagen im ersten Ausbau.

A = Einfahrtsgruppe, *B* = Ordnungsgruppe, *C* = Wasser und Kohle, *D* = Ausfahrgruppe zum Inland und zu den Kais, *E* = Ausziehgleise, *F* = Ablaufberg, Menam *W* und *E I S, I N, II S, II N* = Bezirksbahnhöfe.

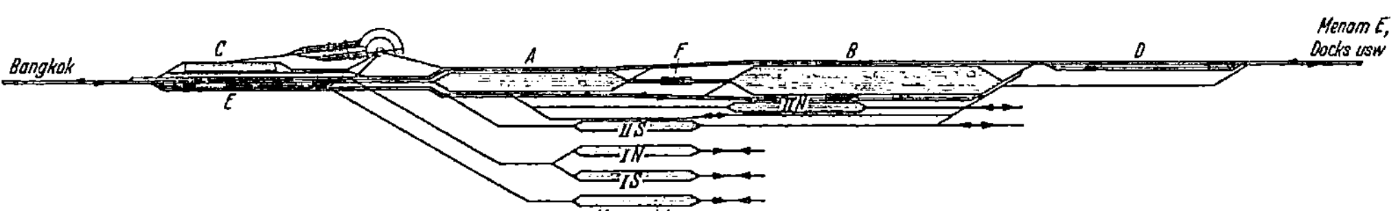

Abb. 72. Anordnung der Eisenbahnanlagen im Endausbau.
Erläuterungen wie Abb. 71.

Die Anlage ist sehr leistungsfähig, weil das Zerlegen der Züge nicht durch Ein- und Ausfahrten gestört wird. Für das Zerlegen genügt ebenso wie für das Bilden der Züge je eine Lokomotive. Da sowohl die Einfahr- als auch die Ordnungsgleise für die Inlandzüge und die Züge aus den Bezirksbahnhofgruppen nebeneinander liegen, können in den Einfahr- als auch in den Ordnungsgleisen die Gleise bei Verlagerungen des Verkehrs wechselseitig benutzt werden.

Die Anlage paßt sich also den Verkehrsschwankungen leicht an. Ist eine Gleisverbindung zwischen den Einfahr- und Ordnungsgleisen unbrauchbar, so ist noch das zweite Gleis vorhanden Der Ablaufberg liegt sehr nahe an den Ordnungsgleisen. Daher ist die Übersicht vom Ablaufberg in die Ordnungsgleise gut. Am Fuße des Ablaufberges liegt in den vier Gleisen je eine Hemmschuhbremse. Dadurch wird die Arbeit der Beschäftigten sehr erleichtert. Bei ablauftechnisch richtiger Durchbildung der Weichenentwicklung und des Ablaufprofiles ist bei 16 Gleisen die Zuführungsgeschwindigkeit im ungünstigsten Fall $v_0 = 0,8$ m/sek. Westlich der Einfahrgruppe ist für einen direkten Anschluß der Bezirksbahnhöfe an die Ferngleise gesorgt, um auch einen direkten Zugverkehr zwischen den Kais und dem Landeseisenbahnnetz zu ermöglichen. Diese Verbindung ist besonders für den Fahrgastverkehr im ersten Ausbau unbedingt erforderlich.

Um den Rangierbetrieb nicht zu stören, müssen in den Bezirksbahnhöfen sowohl bei der Einfuhr als auch bei der Ausfuhr für Züge (voll und leer), die bei einem Zugwechsel (z. B. mittags) anfallen, Gleise vorgesehen werden.

Es ist geplant, an einem Tage zwei Zugwechsel durchzuführen, und zwar einen halben am Morgen vor Beginn der Hafenarbeit (Zufuhr zum Kai), einen ganzen in der Mittagszeit (die Kaigleise werden entleert und wieder belegt) und einen halben am Abend nach Beendigung der Hafenarbeit (Abholung vom Kai). Die am Abend von den Kaigleisen kommenden Züge werden in den zugehörigen Bezirksbahnhöfen abgestellt.

Die Gesamtarbeitszeit samt Zugwechselzeiten beträgt 10 Stunden. Die eigentliche Be- und Entladezeit beträgt ~8 Stunden.

Um an Loks zu sparen und einen flüssigen Betrieb zu gewährleisten, ist es angebracht, in den Bezirksbahnhöfen für jeden Zug ein besonderes Gleis vorzusehen. Die Züge erhalten, wenn möglich, ungefähr die Länge eines Schiffes. Die im Einzelfall einzuhaltenden Zuglängen richten sich jedoch nach der jeweils vorhandenen nutzbaren Gleislänge an der Kaistrecke, für die der Zug bestimmt ist. Sie ist bedingt durch die Weichenaufteilung.

Ferner muß in jedem Bezirksbahnhof ein Durchlaufgleis vorgesehen werden, auf dem niemals Züge abgestellt werden dürfen. Dieses Gleis ist tunlichst so zu wählen, daß es die kürzeste und einfachste Verbindung zwischen der Ordnungsgruppe und dem entsprechenden Kai darstellt.

Bei der Planung der Bahnanlagen sind die Weichen im allgemeinen mit einer Neigung 1 : 8 und die Halbmesser mindestens zu 200 m eingesetzt. An einigen Stellen mußte wegen der Raumbeschränkung auf das Maß von 150 m heruntergegangen werden. Um das Verkehrsgleis auf dem Kai zu entlasten, mußten stellenweise besondere Gleisführungen angewandt werden, so zwischen Schuppen 2 und 3, 3 und 4 und 17 und 18. Diese besonderen Gleisführungen ergaben sich aus der Verschiebung der Achsen zweier Schuppen gegeneinander. An diesen Stellen mußte auch auf den Halbmesser $R = 150$ m heruntergegangen werden.

Einige besondere Bahnanlagen sind noch zu erwähnen:

Der Personenbahnhof am Menam-Kai-Ost (Abb. 67) wurde für Einwanderung und Auswanderung getrennt. Der Einwandererbahnhof ist mit Quarantäne und Hospital verbunden, der Auswandererbahnhof hat eine hiervon unabhängige Verbindung mit der Stadt. Es ist selbstverständlich auch die Möglichkeit vorgesehen, die ankommenden Fahrgäste, die die gesundheitlichen Bedingungen erfüllt haben, mit dem Kraftwagen oder der Eisenbahn in die Stadt zu bringen. Der Verkehr geschieht auf zwei vollkommen voneinander getrennten Bahnhöfen. Bei dem Auswandererbahnhof können die Begleitpersonen über einen besonderen Aufgang auf eine Plattform gelangen, ohne den Reiseverkehr zu stören. Für den Auswandererverkehr ist ein doppelseitig benutzbarer Bahnsteig vorgesehen, um den stoßweisen Betrieb in möglichst kurzer Zeit bewältigen zu können. Für den Einwandererverkehr kann infolge der Quarantäne mit einer langsameren Abbeförderung der Personen gerechnet werden. Infolgedessen genügt hier ein einseitig benutzbarer Bahnsteig. Die Aufstellgleise für den Personenbahnhof befinden sich nördlich des Klongs. An dem Personenbahnhof vorbei laufen zwei Durchfahrtsgleise, die den Lagerplatz für Schwerlastgüter und Bunkerkohle sowie den Personenkai anschließen. Da die Personenbahnhöfe 100—200 m hinter dem Fahrgastkai liegen, muß das Gepäck sowie Expreßgut und Post unmittelbar an den Seedampfer herangebracht werden können. Hierfür dienen zwei Gleise am seeschifftiefen Kai.

Östlich der Fahrgastanlage gelangen die ankommenden Züge durch eine Weichenstraße auf jedes beliebige Gleis auf beiden Seiten des Kohlenlagers. Von den drei Gleisen auf der Landseite des Lagers dient ein Gleis als Ausziehgleis für das Schwerlastlager und den Fahrgastkai, das zweite Gleis als Ladegleis und das dritte als Durchfahrgleis für das Kohlenlager. Ebenso können Ausziehgleise und Weichenstraßen zum Umstellen der Personenzüge benutzt werden. So können z. B. Auswandererzüge über das Ausziehgleis im Osten zum Einwandererbahnhof gedrückt werden und umgekehrt.

Der Eisenbahnanschluß der Trockendocks an die Hafenbahn ist unabhängig von den Personengleissträngen und zweigt bereits nach Überquerung des Klongs ab. Die Anlage enthält einen kleinen Aufstellbahnhof, an den sich vier Zuführungsgleise für die vier Dockseiten anschließen. Die zwischen die beiden Docks führenden Anschlüsse erhielten ein Aufstellgleis und ein Durchfahrtgleis.

Die Eisenbahnanlagen für den ersten Ausbau umfassen nur einen geringen Teil der endgültig vorgesehenen, weisen jedoch bereits dieselbe grundsätzliche Gestaltung auf (Abb. 71). Ein eigenes Umfahrungsgleis ist im ersten Ausbau noch nicht erforderlich, da das nördlich vom Hafenbahnhof liegende Ferngleis als solches mit verwendet werden kann. Südlich der Einfahrgruppe ist jedoch ein Verkehrsgleis angeordnet, das Kaizügen die Möglichkeit bietet, aus der Ordnungsgruppe direkt nach dem Westen auszulaufen.

Die Eisenbahnanlagen des ersten Ausbaus werden dann schrittweise, dem weiteren Ausbau des Hafens entsprechend, bis zum Endzustand erweitert. Die Nebenanlagen (*C*), wie Lokomotivschuppen und Reparaturwerkstätten, werden nach Bedarf im ersten Ausbau erstellt.

f) Leistungsfähigkeit der Bahnanlagen.

Gemäß den Thai-Regelblättern werden für den An- und Abtransport von Stückgütern Lokomotiven von 18 m Länge (samt Tender) und Wagen von ~ 8 m Länge und 10 t Durchschnittsbelastung verwendet. In der Berechnung werden Langzüge zu 18 Wagen je 8 m = 144 m Nutz-länge und Kurzzüge zu 12 Wagen je 8 m = 96 m Nutzlänge unterschieden. Die Kurzzüge ent-sprechen den zur Zeit üblichen Schiffslängen von 110—130 m (5000—7000 BRT). Die Belegung der Ladegleisstrecken soll tunlichst so beschaffen sein, daß die Züge jederzeit in Richtung zum jeweiligen Bezirksbahnhof auf das Verkehrsgleis gezogen werden können.

Die Langzüge entsprechen dem später zu erwartenden 160 m-Schiff (9000 BRT) und stellen überhaupt eine für den ganzen Umschlagsbetrieb günstige Zuglänge dar.

Was die Umschlagsmengen anbelangt, wurde angenommen, daß die Stückgüter nur auf der Eisenbahn verfrachtet werden. Der Reis soll im ersten Ausbau mit $^1/_5$ der Gesamtausfuhrmenge auf die Eisenbahn entfallen. Bei späteren Ausbauabschnitten erhöht sich dieser Anteil auf $^1/_3$, da mit einer Verkehrssteigerung der Eisenbahn gerechnet werden muß.

I. Bemessung der Gleisanlagen für die einzelnen Kaistrecken.

A. Erster Ausbau (Ausbau des Menamufers).

1. Stückgutumschlag.

a) **Berechnung für die Jahresmittelwerte.** Entsprechend Abschnitt 6b ist zur Zeit des ersten Ausbaues mit einer Einfuhr von 200000 t/Jahr Stückgütern und einer Ausfuhr von 70000 t/Jahr Stückgütern und Salz, zusammen also mit 270000 t/Jahr zu rechnen.

Es wurde davon ausgegangen, daß 1. an 365 — 58 = 307 Wochentagen im Jahr durchgehend gearbeitet wird, 2. die 270000 t nur mit der Eisenbahn ab- bzw. anbefördert werden, 3. von der Ein- und Ausfuhr nur $^1/_4$ unmittelbar vom Schiff auf die Eisenbahn bzw. umgekehrt verladen wird und die restlichen $^3/_4$ des Gesamt-stückgutumschlages die Schuppen und Speicher durchlaufen.

Mit Rücksicht auf eine rasche Entladung der Schiffe am Kai ist an eine sofortige Wiederbeladung leergewordener Züge nicht zu denken. Hier kann es sich im großen gesehen nur um die Zuführung von Leerzügen und die Abholung von Vollzügen bzw. umgekehrt handeln. An den hinter den Schuppen liegenden Gleisen ist jedoch ein gewisser Ausgleich von Ein- und Ausfuhr möglich.

Der unmittelbare Umschlag beträgt insgesamt $^1/_4$ (200000 + 70000) = 50000 + 17500 = 67500 t/ Jahr.

Ein- und Ausfuhr können ausgeglichen werden bei 70000 — 17500 = 52500 t/Jahr (= Ausfuhr, die durch den Schuppen geht).

Die nicht ausgeglichene Einfuhr, die über die Schuppengleise geht, beträgt
200000 — (52500 + 50000) = 200000 — 102500 = 97500 t.

Daher muß der Menam-Bezirksbahnhof (Abb. 73) für 2 · (67500 + 52500 + 97500) = 2 · 217500 t = 435000 t im Jahr durchgehendes Wagen-Abfertigungsvermögen bemessen werden. (2mal d. i. 1mal voll und 1mal leer.)

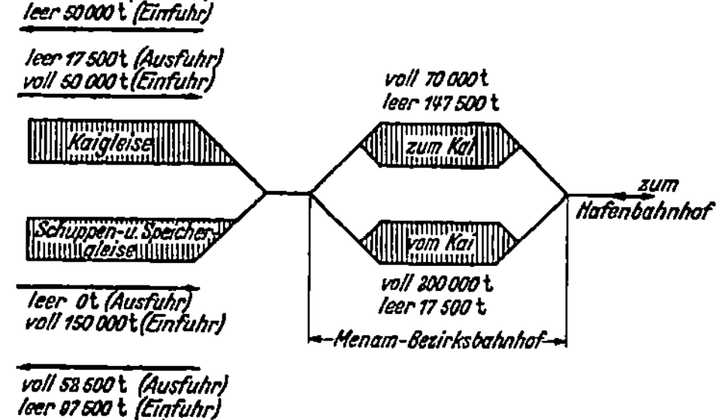

Abb. 73. Schema für den Eisenbahnverkehr zum Menam-Stückgutkai.

Die mit „voll" bezeichneten Tonnen sind tatsächlich zu befördern, die mit „leer" bezeichneten geben nur das Ladevermögen der notwendigen Leerzüge an.

Diesen 435000 t im Jahr entsprechen bei 307 Arbeitstagen und einer Durchschnittswagenladung von 10 t

$$\frac{435000}{307 \cdot 10} \approx 142 \text{ (volle und leere) Wagen am Tag}$$

und

$$\frac{142}{2} = 71 \text{ Wagen je Zugwechsel.}$$

Wenn zwei Schiffe von 110—130 m vor einem Schuppen gleichzeitig anlegen, kann man mit einer durch-schnittlichen nutzbaren Zuglänge von 96 m (= 12 Wagen je 8 m) rechnen. Man braucht dann für 71 Wagen

$$\frac{71}{12} = 5,91 \approx 6 \text{ Aufstellgleise.}$$

Von den auf diesen Gleisen aufgestellten Zügen gehen drei auf die Kaizunge und drei zur Ordnungsgruppe.

Auf den Kaigleisen kommen und gehen im Durchschnitt

$$2 \cdot \frac{67500}{307 \cdot 120} = 3,67 \approx 4 \text{ Züge/Tag zu 12 Wagen je 10 t}$$

und 1,84 $\approx$ 2 Züge je Zugwechsel (1 Voll- und 1 Leerzug).

Man sieht daraus, daß der Verkehr auf einem Ladegleis am Kai abgewickelt werden kann, wenn keine Spitzen auftreten.

Auf den Schuppen- und Speichergleisen kommen und gehen im Durchschnitt

$$2 \cdot \frac{150000}{307 \cdot 120} = 8,14 \text{ Züge/Tag zu 120 t und 96 m Nutzlänge}$$

und $^1/_2$ · 8,14 = 4,07 $\approx$ 4 Züge/Zugwechsel.

Auch an den Schuppen- und Speichergleisen ist die Jahresdurchschnittsbelegung sehr gering.

Bei einem Hafenbetrieb, bei dem nur jeweils ein Schiff von 160 m Länge vor einem Schuppen liegt, könnte man Züge (mit 18 Wagen je 8 m) von $8 \cdot 18$ m $= 144$ m in Betrieb stellen.

Es kommen und gehen dann auf den Kaigleisen im Durchschnitt

$$2 \cdot \frac{67500}{307 \cdot 180} = 2{,}44 \text{ Züge/Tag und } 1{,}22 \text{ Züge/Zugwechsel}.$$

Auf den Schuppen- und Speichergleisen kommen und gehen im Durchschnitt

$$2 \cdot \frac{150000}{307 \cdot 180} = 5{,}44 \text{ Züge/Tag und } 2{,}72 \text{ Züge/Zugwechsel}.$$

Es kommen dann am Tage $\frac{1}{2} \cdot (2{,}44 + 5{,}44) = 3{,}94 \approx 4$ Züge an und verlassen den Stückguthafen wieder. Das sind für einen Zugwechsel ~2 Züge. Man benötigt dafür im Bezirksbahnhof vier Gleise von je $18 \cdot 8 + 2 \cdot 18 = 180$ m.

Dabei ist vorausgesetzt, daß die Gleise im Bezirksbahnhof je nach Bedürfnis für den Kai und für der Schuppen- und Speicherumschlag verwendet und auf diese Weise Verkehrsspitzen auf der einen bzw. den anderen Seite ausgeglichen werden.

Alle diese Durchschnittsrechnungen geben jedoch nur einen Gesamteindruck vom Zugverkehr. Sie gelten nur, wenn die An- und Abfuhr der 270000 t gleichmäßig erfolgt. Diese Tatsache wäre am sichersten gegeben, wenn die Schiffe gleichmäßig einliefen und der Be- und Entladevorgang gleichmäßig erfolgen könnte. Das wird jedoch nicht der Fall sein.

b) Rechnerische Erfassung der Spitzenbelastung. Es ist in jedem Hafen darauf zu achten, daß die Schiffe in kürzester Zeit entladen und beladen werden. Die Liegezeit der Schiffe richtet sich also vornehmlich nach der Leistungsfähigkeit der Krane.

Die Krane haben ein Tragvermögen von 3 t, und man kann mit 30 Spielen in der Stunde rechnen. Dabei wird mit Rücksicht auf unhandliche und leichte Güter die Durchschnittsleistung kaum 1 t/Spiel übersteigen. Ein Kran leistet daher bei Vollbeschäftigung theoretisch $30 \cdot 1 \cdot 8 = 240$ t/Tag. Diese 240 t/Tag sind eine absolute Spitzenleistung und haben nichts mit den Durchschnittswerten 40 t bzw. 80 t/Tag, die in der Umschlagsberechnung (Abschnitt 6 l) angegeben sind, zu tun. Da an den sechs Luken eines Schiffes sechs solcher Krane angesetzt werden können, wird ein Schiff an einem Tage mit $6 \cdot 240 = 1440$ t be- bzw. entladen.

Es sei an dieser Stelle darauf verwiesen, daß diese Spitzenleistung der Krane wohl für die Bemessung der Eisenbahn, nicht aber für die der Schuppen und Speicher und die Berechnung der Schiffsliegezeit zutrifft.

Rechnet man als Spitzenbelastung, daß zwei Schiffe der zur Zeit üblichen Länge gleichzeitig mit dieser Leistung be- oder entladen werden, dann ergibt sich eine ungünstigste Kranleistung von $2 \cdot 1440 = 2880$ t/Tag

(gegenüber $\frac{270000}{307} = 880$ t/Tag im Durchschnitt). Davon entfällt $\frac{1}{4} \cdot 2880 = 720$ t/Tag auf den Umschlag

auf die Eisenbahn. Rechnet man weiter ungünstig, daß beide Schiffe an demselben Schuppen anlegen, dann können am Kaigleis je Schuppen nur zwei Züge von 96 m Nutzlänge aufgestellt werden.

Das gibt bei zwei Zugwechseln vier Züge zu je 120 t und eine Gesamtlademenge von $4 \cdot 120 = 480$ t.

Um die 720 t der Kranleistung abzubefördern, müßte man drei Zugwechsel durchführen, $3 \cdot 2 \cdot 120 = 720$ t.

Liegen die Schiffe nicht an demselben Schuppen, dann kann man längere Züge mit 18 Wagen einschalten. Das gibt dann bei nur zwei Zugwechseln $2 \cdot 2 \cdot 180 = 720$ t/Tag, was genau $\frac{1}{4}$ der Kranleistung entspricht.

Es empfiehlt sich, dabei den Bezirksbahnhof mit Gleisen von mindestens $144 + 2 \cdot 18 = 180$ m Nutzlänge auszustatten (18 m = Loklänge).

Im äußersten Falle könnte man auf $144 + 18 = 162$ m heruntergehen. Dabei müßte sich aber das eine Zugende bereits genau an der 3,50 m Grenze der Weiche befinden.

Diese starke Belastung von Eisenbahn und Kranen kann im Jahre höchstens an $\frac{270000}{2880} = 94$ Tagen erfolgen.

In dieser Zeit werden $94 \cdot 720 = 67500$ t unmittelbar über die Eisenbahn befördert. Dabei braucht man Gleise für vier Züge, zwei Vollzüge und zwei Leerzüge je Zugwechsel.

Die An- und Abfuhr der Güter, die über Schuppen und Speicher gehen, kann als vollkommen gleichmäßig über das Jahr verteilt angenommen werden.

Es kommen und gehen daher je Arbeitstag

$$2 \cdot \frac{150000}{307 \cdot 10} \approx 97{,}5 \text{ Wagen zu } 10 \text{ t}.$$

Das sind

8,14 Züge zu 12 Wagen/Tag ⎫
6,5   ,,   ,, 15   ,,   ⎬ in beiden Richtungen)
5,44 .,   ,, 18   ,, ⎭

Rechnet man wie vorher mit Zügen zu 18 Wagen und zwei Zugwechseln/Tag, so kommen und gehen bei einen Zugwechsel $2{,}72 \approx 3$ Züge.

Man wird den Betrieb z. B. wie folgt einrichten:

Am Morgen kommen zwei Züge an die Schuppen und Speicher. Sie werden beladen oder entladen und in der Zugwechselzeit am Mittag wieder abgeschleppt und im Menam-Bezirksbahnhof aufgestellt. Aus dem letzteren kommt in derselben Zugwechselzeit ein Zug an die Schuppen und Speicher. Dieser wird am Abend abgeschleppt und bis zum Morgen im Menam-Bezirksbahnhof aufgestellt.

Für den Stückgutverkehr, der über die Schuppen und Speicher geht, sind infolgedessen im Menam-Bezirksbahnhof drei Gleise von 180 m Nutzlänge vorzusehen.

Man benötigt also, um den höchstenfalls zu erwartenden Stoßverkehr an der Stückgutanlage zu bewältigen

$$4 + 3 = 7 \text{ Gleise zu } 180 \text{ m Nutzlänge}.$$

Vergleicht man (bei Zügen mit 18 Wagen) die Mittelwerte mit denen der Höchstbelastung, so ergibt sich beim Schuppen- und Speicherbetrieb keine Steigerung des Zugverkehrs infolge Stoßbelastung, beim Betrieb am Kaigleis hingegen eine Steigerung von 2,44 Zügen/Tag auf 8 Züge/Tag, d. i. um 228 vH gegenüber dem Mittelwert des Zugverkehrs. Bezogen auf den gesamten Stückgutumschlag ergibt sich eine Steigerung um

$$100 \cdot \frac{8 + 5,44}{2,44 + 5,44} - 100 = 71 \text{ vH}$$

gegenüber dem Mittelwert des Zugverkehrs.

2. Reis- und Rohreisumschlag am Menam-Kai.

Der gesamte Rohreisumschlag betrug in den Jahren

1937 . . . . 747 643 t
1938 . . . . 1 271 998 t.

Es ist für die nächste Zukunft eine Reisausfuhr von 1,5 bis 2 Millionen t Reis zu erwarten.

Aus den bisherigen Ausfuhrzahlen ist zu entnehmen, daß die Monatsspitzenausfuhr im Jahr das Monatsmittel um rd. 35 vH übersteigt. Die 35 vH sollen auch in der weiteren Rechnung, soweit sie von Einfluß sind, berücksichtigt werden.

Es ist zu erwarten, daß zur Zeit des ersten Ausbaues von der ganzen, über den Hafen gehenden Reismenge nur 20 vH mit der Eisenbahn herangebracht werden.

Die Reismenge, die über den Menam-Kai umgeschlagen wird, richtet sich nach der Leistungsfähigkeit der Reismühlen. Sie beträgt am Menam-Kai beim

1. Reismühlenteilausbau ($\frac{1}{2}$ Mühle) 100 000 t/Jahr Rohreis (Paddy),
2.   ,,   (2 Mühlen) 400 000   ,,   ,,

Es kann angenommen werden, daß die Reiszufuhr zu den Reismühlen gleichmäßig über das ganze Jahr erfolgt. Eine etwaige Reisausfuhrspitze kann zum Teil aus den Reismühlensilos gedeckt werden. Außerdem wird aus Sicherheitsgründen mit einer Stoßbelastung = 1,35 des Jahresmittelwertes gerechnet.

Nach Abschnitt 61 soll die Zufuhr zum Hafen zu $\frac{1}{3}$ der Ausfuhrmenge aus bereits geschältem Reis bestehen. Die restlichen $^2/_3$ werden durch Verarbeitung im Hafen aus Rohreis (Paddy) gewonnen, wobei man für 0,67 t weißen Reis 1 t Rohreis benötigt. Daher entspricht einer Ausfuhr von 1 t weißem Reis eine Zufuhr zum Hafen = 1,33 t (0,33 t fertiger Reis + 1 t Rohreis).

Die Kleie (Bran) soll, nur soweit sie als Rückfracht in Frage kommt, mit der Eisenbahn aus dem Hafen befördert werden (der übrige Teil mit Kähnen). Der Kleieumschlag hat daher auf den Raumbedarf an Wagen beim Eisenbahnumschlag keinen Einfluß.

Legt man 400 000 t Reisausfuhr der weiteren Berechnung zugrunde, dann müssen 1,33 · 400 000 = 532 000 t Roh- und Fertigreis in den Hafen gebracht werden. Davon entfallen auf die Eisenbahn $^1/_5$ · 532 000 t = 106 400 t/Jahr. Rechnet man weiter wie beim Stückgutumschlag mit 307 Arbeitstagen im Jahr, so kommen an einem Tage $\frac{106 400}{307}$ = 347 t im Durchschnitt an. Auf einen Zugwechsel kommen $\frac{347}{2}$ = 174 t in der Einlaufrichtung.

Es wird angenommen, daß die Wagen für Reis und Rohreis eine Durchschnittsbelastung von 8 t aufweisen. Rechnet man auch hier wieder mit den Normalzügen zu 18 Wagen, so kann ein Zug 18 · 8 = 144 t schaffen.

Um die 174 t heranzubefördern, sind $\frac{174}{144}$ = 1,21 Züge zu 18 Wagen notwendig.

Diesen 1,21 Vollzügen entspricht die gleiche Anzahl an Leerzügen bzw. mit Kleie beladenen, so daß an einem Zugwechsel 2 · 1,21 = 2,42 Züge beteiligt sind.

Es wird angenommen, daß die Stoßbelastung auf der Eisenbahn den Jahresmittelverkehr um 35 vH übersteigt.

Zu Zeiten von Reisverkehrsspitzen ist demnach mit 2,42 · 1,35 = 3,27 Zügen/Zugwechsel in beiden Richtungen zu rechnen.

Es empfiehlt sich, dafür im Menam-Bezirksbahnhof drei Gleise mit 180 m Nutzlänge bereitzustellen. Diese drei Gleise erscheinen ausreichend, da nicht anzunehmen ist, daß Stückgut- und Reisspitzenbelastungen zusammenfallen, weshalb im Bedarfsfalle Stückgutgleise zur Deckung der restlichen 0,27 Züge herangezogen werden können.

Beim ersten Reismühlenausbau kommt für den Reisumschlag der Kai bei Schuppen 3 in Frage. Am Ladegleis bei Schuppen 3 kann man Züge von ~170 m Länge aufstellen. Bei Reismühle 3 hat man eine nutzbare Gleislänge von 290 m zur Verfügung. Am Kailadegleis des zukünftigen Schuppens 4 können im Grenzfall noch Züge bis 144 m Länge aufgestellt werden, ohne daß der Gesamtverkehr am Kai behindert wird. Das gleiche gilt für das Schuppenladegleis.

Das Gelände des späteren Schuppens 5 wird im ersten Ausbau als Fahrgastanlage ausgebaut. Hier können 144 m-Züge ohne weiteres aufgestellt werden.

Der Fahrgastbetrieb spielt sich ohne Aufenthalt im Bezirksbahnhof über das Durchlaufgleis ab. Die Fahrgäste werden auf dem raschesten Wege nach Bangkok gebracht.

Man braucht also insgesamt im Menam-Bezirksbahnhof beim Endausbau insgesamt 7 + 3 = 10 Aufstellgleise von je 180 m Länge und ein Durchlaufgleis. Eine Erweiterungsmöglichkeit ist vorzusehen, insbesondere für den Fall, daß später mehr als 20 vH der Reis- und Rohreisumschlagsmenge mit der Eisenbahn herangebracht werden oder die Leistungsfähigkeit einer Mühle sich als größer als 200 000 t Rohreis/Jahr erweist (200 000 t Rohreis für eine ganze Mühle von 300 m Länge, 100 000 t Rohreis für eine halbe Mühle von 150 m Länge).

B. Berechnung der Eisenbahnanlagen für den Südkai des Beckens I.

An diesem Kai können nach Abschnitt 61 bei 200 Betriebstagen der Mühlen im Jahr 693 700 t Rohreis/Jahr verarbeitet werden. Man erhält daraus 462 800 t/Jahr weißen Reis.

Wie am Menam-Kai soll auch hier $\frac{1}{3}$ der Reisausfuhr in bereits geschältem Zustand in den Hafen gebracht werden.

Daher setzt sich die gesamte Zufuhr zum Südkai des Beckens I zusammen aus:

693 700 t Rohreis/Jahr
$\frac{1}{2}$ · 462 800 = 231 400 t Reis/Jahr
zusammen: 925 100 t.

⅓ der Gesamtzufuhr möge mit der Eisenbahn herangebracht werden:

$$\tfrac{1}{3} \cdot 925\,100 \approx 308\,000 \text{ t/Jahr.}$$

617 100 t/Jahr werden mittels Kähnen in den Hafen gebracht.

Man kann in diesem Hafengebiet ausgenommen bei Schuppen 8 ohne weiteres mit Langzügen (18 Wagen) zu 144 m arbeiten. Ein solcher Langzug bringt $18 \cdot 8 = 144$ t Ladegut.

Bei 307 Arbeitstagen/Jahr kommen $\dfrac{308\,000}{307} = 1004$ t/Tag an.

Bei zwei Zugwechseln kommen $\dfrac{1004}{2} = 502$ t/Zugwechsel in der Einlaufrichtung.

Dem entsprechen $\dfrac{502}{144} = 3,49 \approx 4$ der besagten Langzüge mit 18 Wagen je 8 t für alle Ladegleise (Kailadegleis, Schuppenladegleis und Mühlenladegleis).

Wenn die Zufuhr vollkommen gleichmäßig über das Jahr verteilt wäre, brauchte man also $2 \cdot 4 = 8$ Aufstellgleise mit 180 m Nutzlänge und dazu noch ein Durchlaufgleis.

Nach dem früher gesagten ist als Spitzenbelastung mit einer Steigerung des Durchschnittsverkehrs um 35 vH zu rechnen: $3,49 \cdot 1,35 = 4,72 \approx 5$ Züge in einer Richtung.

Für diese Zuganzahl ist der Bezirksbahnhof zu bemessen. Man braucht demnach $2 \cdot 5 = 10$ Aufstellgleise mit 180 m Nutzlänge und ein Durchlaufgleis, das nicht zum Abstellen herangezogen werden darf.

Ladegleise auf der Kaizunge sind in ausreichender Anzahl vorhanden.

<h3 align="center">C. Zweiter Ausbauzustand der Stückgutanlage.</h3>

<h4 align="center">I. Berechnung für die Jahresumschlagsmittelwerte.</h4>

Ausbau der Nordseite des Beckens I.

Es wird angenommen, daß beim zweiten Ausbau mit einer Einfuhr von 400000 t/Jahr und einer Ausfuhr von 160000 t/Jahr gerechnet werden kann. Davon entfallen auf den ersten Ausbau 200000 t Einfuhr und 70000 t Ausfuhr. Es bleiben also für den Nordkai des Beckens I 200000 t Einfuhr und 90000 t Ausfuhr, zusammen 290000 t. Die Annahmen über Arbeitszeit und Zugbetrieb sollen hier dieselben sein wie beim Ausbau I.

Der unmittelbare Umschlag von Eisenbahn auf Schiff beträgt insgesamt $\tfrac{1}{4}\,(200000 + 90000) = 50000 + 22500 = 72500$ t/Jahr.

Ein- und Ausfuhr können ausgeglichen werden bei $90000 - 22500 = 67500$ t/Jahr. Die nicht ausgeglichene Einfuhr, die über die Schuppengleise geht, beträgt $200000 - (67500 + 50000) = 200000 - 117500 = 82500$ t.

Daher muß der Bezirksbahnhof I Nord für $2 \cdot (72500 + 67500 + 82500) = 2 \cdot 222500 = 445000$ t/Jahr durchgehenden Wagenladefähigkeit bemessen werden. (Leerladung inbegriffen.)

Die in Abb. 74 mit „voll" bezeichneten Tonnen sind tatsächlich zu befördern, die mit „leer" bezeichneten geben nur das Ladevermögen der notwendigen Leerzüge an.

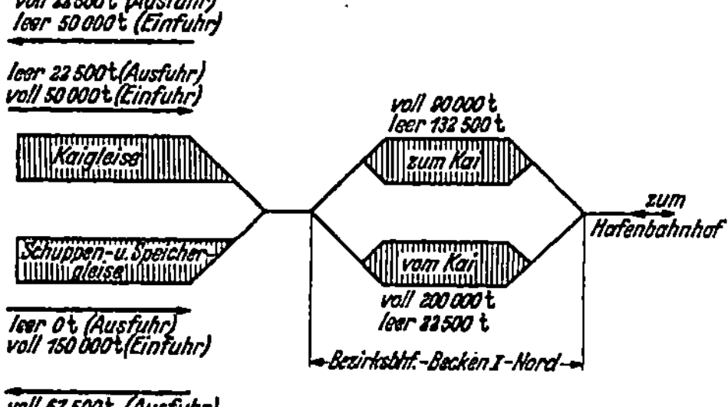

Abb. 74. Schema für den Eisenbahnverkehr zum Stückgutkai des Beckens 1.

Den 454000 t entsprechen bei 307 Arbeitstagen und einer Durchschnittswagenladung von 10 t

$$\frac{445\,000}{307 \cdot 10} \approx 145 \text{ volle und leere Wagen an einem Tage.}$$

Bei zwei ganzen Zugwechseln am Tage entfallen auf einen Zugwechsel $\dfrac{145}{2} \approx 72,5$ volle und leere Wagen.

Rechnet man, wenn zwei Schiffe vor einem Schuppen gleichzeitig anlegen, mit einer durchschnittlichen nutzbaren Zuglänge von 96 m (= 12 Wagen je 8 m), so braucht man für 72,5 Wagen $\dfrac{72,5}{12} = 6,04 \approx 6$ Züge/Zugwechsel und damit sechs Aufstellgleise. Von den auf diesen Gleisen aufgestellten Zügen gehen drei auf die Kaizunge und drei um Hafenbahnhof (Abb. 74).

Auf die Kaigleise selbst kommen und gehen im Durchschnitt $2 \cdot \dfrac{72500}{307 \cdot 120} = 3,94 \approx 4$ Züge/Tag zu 120 t und 96 m Nutzlänge und zwei Züge/Zugwechsel. Am Kailadegleis liegt also in der Zeit von einem Zugwechsel zum anderen im Durchschnitt ein Zug.

Man sieht daraus, daß auf einem Kailadegleis der Verkehr abgewickelt werden kann, wenn keine besonderen Spitzen auftreten.

Auf den Schuppen- und Speichergleisen (Abb. 74) kommen und gehen an einem Tag im Durchschnitt $2 \cdot \dfrac{150000}{307 \cdot 120} = 8,14$ Züge zu 120 t und 96 m Nutzlänge. Bei einem Zugwechsel $\tfrac{1}{2} \cdot 8,14 = 4,07 \approx 4$ Züge in beiden Richtungen.

Auf den Schuppen- und Speichergleisen liegen also in der Zeit zwischen zwei Zugwechseln zwei Züge. Auch hier ist die Jahresdurchschnittsbelegung sehr gering.

Bei einem Hafenbetrieb, bei dem nur jeweils ein Schiff vor einen Schuppen liegt, könnte man Züge (mit 18 Wagen je 8 m) von $8 \cdot 18 = 144$ m in Betrieb stellen.

Es entfielen dann auf die Kaigleise $\dfrac{72\,500}{307 \cdot 180}$ = 1,31 Züge/Tag in einer Richtung und in beiden Richtungen 2 · 1,31 = 2,62 Züge/Tag = 1,31 Züge/Zugwechsel (zwei Abstellgleise).

Auf die Schuppen- und Speichergleise entfallen $\dfrac{150\,000}{307 \cdot 180}$ ⪦ 2,72 Züge/Tag in einer Richtung, in beiden Richtungen 2 · 2,72 = 5,44 Züge/Tag = ½ · 5,44 = 2,72 Züge/Zugwechsel.

Für diese 2,72 Züge benötigt man im Bezirksbahnhof drei Aufstellgleise. Auf den Schuppen- und Speicherladegleisen stehen in der Zeit von einem Zugwechsel zum anderen 1,31 Züge zu 18 Wagen.

Man benötigt also für den Jahresdurchschnittsbetrieb im Bezirksbahnhof 2 + 3 = 5 Aufstellgleise mit 180 m Nutzlänge.

2. Rechnerische Erfassung des Stoßverkehrs.

Rechnet man, daß (als Stoßverkehr) drei Schiffe entsprechend drei Schuppen gleichzeitig mit der errechneten Ladeleistung von 1440 t/Schiff und Tag be- oder entladen werden, dann ergibt sich eine ungünstigste Kranleistung von 3 · 1440 = 4320 t/Tag. Davon kommen ¼ · 4320 = 1080 t/Tag sofort an den Kaigleisen vom Seeschiff auf die Eisenbahn bzw. umgekehrt.

Es wird angenommen, daß bei diesem Stoßverkehr jeweils nur ein Schiff an einem Schuppen liegt. Man kann dann Langzüge mit 18 Wagen in den Verkehr bringen.

Man benötigt für den unmittelbaren Umschlag Schiff—Eisenbahn in einer Richtung ½ · $\dfrac{1080}{10 \cdot 18}$ = 3 Züge/ Zugwechsel zu 18 Wagen je 10 t Durchschnittsbelastung und in beiden Richtungen sechs Züge und dafür sechs Aufstellgleise im Bezirksbahnhof.

Die nutzbare Zuglänge ist dann 18 · 8 = 144 m, was bereits die obere Länge von Zügen für 160 m-Schiffe darstellt. Es empfiehlt sich, den Bezirksbahnhof mit Gleisen von mindestens 144 + 2 · 18 = 180 m Nutzlänge auszurüsten (18 m = Loklänge).

Diese starke Belastung von Eisenbahn und Kranen kann im Jahre höchstens an $\dfrac{290\,000}{4320}$ = 67 Tagen erfolgen. In dieser Zeit gehen 67 · 1080 = 72 500 t unmittelbar den Weg Schiff—Eisenbahn. Dabei braucht man im Bezirksbahnhof Aufstellgleise für sechs Züge, drei Vollzüge und drei Leerzüge.

Die An- und Abfuhr der Güter, die über Schuppen und Speicher gehen, kann als vollkommen gleichmäßig über das Jahr verteilt angenommen werden:

$\dfrac{150\,000}{307 \cdot 10}$ ⪦ 49 Wagen/Tag in einer Richtung, das sind 2,72 Züge mit 18 Wagen/Tag in einer Richtung, und wie bereits errechnet, 2 · 2,72 = 5,44 Züge/Tag in beiden Richtungen.

Auf einen ganzen Zugwechsel kommen 2,72 ⪦ 3 Züge. Man kann dabei den Betrieb z. B. wie folgt einrichten:

Am Morgen kommen zwei Züge an die Schuppen- und Speichergleise und werden bis zur Mittagspause be- oder entladen. In der Mittagspause werden diese beiden Züge in den Bezirksbahnhof zurückgebracht, in dem schon ein Zug in Richtung Kai bereit steht. Letzterer wird dann gleichfalls noch in der Mittagspause auf die Kaizunge gebracht und bis zum Abend be- oder entladen und in den Bezirksbahnhof zurückgebracht, wo er bis zum nächsten Morgen stehenbleibt.

Für den Stückgüterverkehr, der über die Schuppen und Speicher geht, sind drei Gleise von 180 m Nutzlänge im Bezirksbahnhof für den Nordkai des Beckens I vorzusehen.

Man benötigt also, um den höchstenfalls zu erwartenden Stoßverkehr an den Stückgutanlagen des Beckens I zu bewältigen, 6 + 3 = 9 Gleise zu 180 m Nutzlänge.

Vergleicht man die Mittelwerte (bei den Zügen mit 18 Wagen) mit denen der Höchstbelastung, so ergibt sich beim Schuppen- und Speicherbetrieb keine Steigerung des Zugverkehrs infolge Stoßbelastung, beim Betrieb am Kaigleise hingegen eine Steigerung von 1,31 Zügen/Tag in einer Richtung auf 6 Züge/Tag, also um 358 vH gegenüber dem Mittelwert des Zugverkehrs. Bezogen auf den gesamten Stückgutumschlag ergibt sich eine Steigerung um 100 · $\dfrac{6 + 2,72}{1,31 + 2,72}$ − 100 = 117 vH gegenüber dem Mittelwert des Zugverkehrs.

Die Stoßbelastung der Eisenbahn ist hier größer als beim ersten Ausbau, weil um 50 vH mehr Anlegestellen vorhanden sind (hier sechs gegenüber vier am Menam-Stückgutkai).

Man braucht rechnungsmäßig neun Aufstellgleise und ein Durchlaufgleis. Es erscheint jedoch wegen der sehr hoch angenommenen Stoßbelastung als ausreichend, vorerst einmal acht Aufstellgleise zu bauen und das Gelände für ein weiteres Gleis vorzusehen, das dann im Bedarfsfalle erstellt werden kann.

D. Bemessung der Gleisanlagen für den Reiskai im Süden des Beckens II.

Da Schuppen 13 nur 120 m lang ist, liegen die Verhältnisse am genannten Hafengebiet so, daß vom gesamten Zugverkehr ⅓ nur mit Kurzzügen zu 12 Wagen = 96 m abgewickelt werden kann. Der übrige Zugverkehr erfolgt mit Langzügen zu 18 Wagen = 144 m.

Die mittlere Zuglänge beträgt $\dfrac{96 + 144 + 144}{3}$ = 128 m = 16 Wagen je 8 m.

Die mittlere Lademenge beträgt 16 · 8 = 128 t/Zug.

Nach Abschnitt 61 können an diesem Kai bei 200 Arbeitstagen der Mühlen/Jahr 493 600 t Rohreis verarbeitet werden. Man erhält daraus 329 300 t weißen Reis.

Wie bisher gerechnet, soll auch hier ⅓ der Reisausfuhr in bereits geschältem Zustande in den Hafen gebracht werden.

Die gesamte Zufuhr zum Südkai des Beckens II setzt sich also zusammen aus

$$493\,600 \text{ t Rohreis/Jahr}$$
$$\tfrac{1}{2} \cdot 329\,300 = \underline{164\,700 \text{ t Reis/Jahr}}$$
$$\text{zusammen: } 658\,300 \text{ t/Jahr.}$$

⅓ der Gesamtzufuhr wird mit der Eisenbahn herangebracht:
$$\tfrac{1}{3} \cdot 658\,300 = 219\,000 \text{ t/Jahr.}$$
Das sind bei 307 Arbeitstagen der Eisenbahn
$$\frac{219\,000}{307} = 714 \text{ t/Tag}$$
und $\tfrac{1}{2} \cdot 714 = 357$ t/Zugwechsel in einer Richtung. Hierzu sind erforderlich
$$\frac{357}{128} \approx 2{,}79 \text{ Züge mittlerer Länge.}$$

Es wird angenommen, daß die Stoßbelastung die Jahresmittelbelastung um 35 vH übersteigt. Daher müssen die Gleisanlagen bemessen werden für $2{,}79 \cdot 1{,}35 = 3{,}67$ Züge mittlerer Länge/Zugwechsel (in einer Richtung). Der Bezirksbahnhof muß demnach Abstellgleise für $2 \cdot 3{,}67 = 7{,}34$ Züge mittlerer Länge aufweisen. Es empfiehlt sich, den Bezirksbahnhof mit sechs Abstellgleisen zu je 180 m Mindestlänge und zwei Gleisen zu je 132 m Mindestnutzlänge auszurüsten. Ferner ist ein Durchlaufgleis vorzusehen.

E. Bemessung der Gleisanlagen im Bezirksbahnhof für den Reiskai im Norden und Osten des Beckens II.

An dieser Kaistrecke können durchgehend Langzüge mit 18 Wagen zu 8 m eingesetzt werden.

Nach Abschnitt 61 können an diesem Kai bei 200 Arbeitstagen der Mühlen/Jahr 647 000 t Rohreis verarbeitet werden.

Man erhält daraus 431 700 t weißen geschälten Reis. Ein Drittel der Reisausfuhr soll in bereits geschältem Zustand in den Hafen gebracht werden. Daher setzt sich die gesamte Zufuhr zum Nord- und Ostkai des Beckens II zusammen aus:
$$647\,000 \text{ t Rohreis/Jahr}$$
$$\tfrac{1}{2} \cdot 431\,700 = 215\,900 \text{ t Reis/Jahr}$$
$$\text{insgesamt: } 862\,900 \text{ t/Jahr.}$$
⅓ der Gesamtzufuhr erfolgt mit Hilfe der Eisenbahn:
$$\tfrac{1}{3} \cdot 862\,900 \approx 288\,000 \text{ t/Jahr,}$$
das sind
$$\frac{288\,000}{307} = 938 \text{ t/Tag und Richtung}$$
$$= 469 \text{ t/Zugwechsel und Richtung.}$$
Dem entsprechen
$$\frac{469}{144} = 3{,}26 \text{ Züge zu 18 Wagen in einer Richtung und}$$
$$6{,}25 \approx 7 \text{ Züge zu 18 Wagen in beiden Richtungen.}$$

Soll die Stoßbelastung die Jahresmittelbelastung um 35 vH übersteigen, dann sind zur Zeit einer solchen Hauptverkehrsspitze $3{,}26 \cdot 1{,}35 = 4{,}40$ Züge zu 18 Wagen/Zugwechsel in einer Richtung zu befördern.

Für diesen Zugverkehr sind im Bezirksbahnhof vorzusehen: $2 \cdot 4{,}40 = 8{,}8 \approx 9$ Aufstellgleise mit 180 m Mindestnutzlänge. Weiter werden zwei Gleise zu 132 m Nutzlänge für die Viehstation und ein Durchlaufgleis erstellt.

Die Gleise für Reis und Vieh können natürlich auch wechselseitig benutzt werden.

II. Berechnung des Haupthafenbahnhofs.

A. Allgemeines über die nutzbaren Gleislängen.

Es erscheint zweckmäßig, den Gleisen des Haupthafenbahnhofes mindestens eine Länge von
$$6 + 36 \cdot 8 + 2 \cdot 18 = 6 + 288 + 36 = 330 \text{ m}$$
zu geben; hierin sind
288 m = Nutzlänge eines Fernzuges = Nutzlänge von zwei Kaizügen,
 18 m = Loklänge.
  6 m = Sicherheitszuschlag.

Man kann jeweils auf dem kürzesten Gleis einen Fernzug zu 36 Wagen oder zwei Züge zu 18 Wagen, wie sie für den eigentlichen Hafenbetrieb in Frage kommen, aufstellen.

B. Bemessung des Haupthafenbahnhofes.

Das Ladevermögen der Fernzüge beträgt bei Stückgütern $36 \cdot 10 = 360$ t/Zug, bei Reis $36 \cdot 8 = 288$ t/Zug. Es wird angenommen, daß für Reis Sonderwagen in Frage kommen, daß also der Stückgut- und Reiswagenverkehr sich nicht gegenseitig ergänzen kann.

1. Erster Ausbauzustand.

a) Stückgüterverkehr. Bei Stoßbelastung müssen an einem Tage
$$720 + 49 \cdot 10 = 720 + 490 = 1210 \text{ t/Tag}$$
den Bahnhof in einer Richtung durchlaufen; 720 t sind unmittelbarer Umschlag Schiff—Eisenbahn.

49 Wagen zu 10 t kommen von den Schuppen und Speichern; das sind $\dfrac{1210}{360} = 3{,}36$ Züge zu 36 Wagen/Tag

oder $\dfrac{3{,}36}{2} = 1{,}68 \approx 2$ Züge/Halbtag in einer Richtung.

In den zwei Zügen steckt dann auch noch eine gewisse Reserve für schwere Güter.

b) Reisverkehr, 1. Ausbau. Bei Stoßverkehr kommen je Halbtag $1{,}21 \cdot 1{,}35 \cdot 18 \cdot 8 = 235$ t Reis an.

Das ist $\dfrac{235}{288} = 0{,}815 \approx 1{,}0$ Zug zu 36 Wagen.

Dabei ist noch eine gewisse Reserve für schwere Güter vorhanden. Stückgut und Reisverkehr ergeben demnach zusammen 1,68 + 0,82 = 2,5 ≙ 3 Fernzüge zu 36 Wagen je Halbtag in einer Richtung.

Der Eisenbahnverkehr ist also zur Zeit des ersten Ausbaus sehr gering. Man benötigt zu seiner Abwicklung folgende Anlagen:

1. Eine *Vorgruppe im Westen* (Ausziehgleisgruppe) mit drei Gleisen und zwar:
   1 Ausziehgleis für Züge, die zum Kai gehen,
   1 „ „ „ , „ vom Kai kommen,
   1 Betriebs- bzw. Reservegleis.

2. Eine *Einfahrgruppe* mit vier Gleisen und zwar:
   1 Gleis für Züge aus dem Inland und ein Reservegleis,
   1 „ „ ,, „ „ Menam-Bezirksbahnhof und ein Reservegleis.

3. Eine *Ordnungsgruppe* mit acht Gleisen und zwar:
   4 Gleise für die vier Inlandstrecken,
   3 „ „ „ Hauptkaiabschnitte (Schupppen 1, 2 und 3),
   1 Reservegleis.

4. Eine *Ausfahrgruppe* mit drei Gleisen und zwar:
   1 Gleis für Züge nach dem Inland,
   1 „ „ „ „ „ Menam-Bezirksbahnhof,
   1 „ „ „ „ „ Dock.

2. Endausbau.

Der Bahnhof soll für den Stoßverkehr bei Stückgütern und den Durchschnittsverkehr bei Reis ausgebaut werden.

a) Stückgüterverkehr. Die gesamte Leistung beträgt
$$1210 + 1080 + 490 = 2780 \text{ t/Tag in einer Richtung.}$$
(1210 t siehe ersten Ausbauzustand,
1080 t unmittelbarer Umschlag zwischen Schiff und Eisenbahn am Stückgutkai des Beckens I,
490 t = 49 Wagen zu 10 t kommen von den Schuppen und Speichern der Stückgutanlage am Becken I)
$$2780 \text{ t sind } \frac{2780}{360} = 7{,}72 \text{ Züge/Tag und } \frac{7{,}72}{2} = 3{,}86 \text{ Züge/Halbtag in einer Richtung.}$$

b) Reisverkehr. Die mit der Eisenbahn in den Hafen gebrachte Reis- und Rohreismenge beträgt im Endausbau 993000 t/Jahr. (s. S. 48)
Das sind im Mittel
$$\frac{993000}{2 \cdot 307} = 1620 \text{ t/Halbtag oder}$$
$$\frac{1620}{288} = 5{,}63 \text{ Züge zu 36 Wagen/Halbtag in einer Richtung.}$$

Stückgut- und Reisverkehr ergeben zusammen
$$3{,}86 + 5{,}63 = 9{,}49 ≙ 10 \text{ Züge/Halbtag für eine Richtung.}$$

In den 10 Zügen ist eine gewisse Reserve für schwere Güter, lebendes Vieh usw. enthalten.

Bei fünf Stunden Arbeitszeit je Halbtag im Hauptthafenbahnhof kommt alle halbe Stunde ein Fernzug mit 36 Wagen an und ein gleich langer verläßt den Hauptthafenbahnhof wieder. Es gehen demnach je Halbtag über den Ablaufberg
$$2 \cdot 10 \cdot 36 = 720 \text{ Wagen,}$$
das sind 10 Fernzüge zu 36 Wagen + 20 Kaizüge zu 18 Wagen.

Zum Rangieren von einem Wagen stehen daher
$$\frac{5 \cdot 3600}{720} = 25 \text{ Sekunden zur Verfügung,}$$
eine Zeit, die, wie aus den folgenden Überlegungen hervorgeht, bei Vorhandensein eines Ablaufberges ohne weiteres ausreicht.

Bei einer Zugstärke von 36 Wagen, deren Länge je 8 m ist, ist die Zuglänge $l = 36 \cdot 8 = 288$ m. Die Zerlegezeit ist $t = l/v_0 = \frac{288}{8} = 360$ Sek. = 6 Min. ($v_0 = 0{,}8$ m/sec = Zuführungsgeschwindigkeiten im ungünstigsten Fall). Rechnet man für die Umfahrt der Abdrücklokomotive und das Andrücken des Zuges auf den Ablaufberg nochmals 6 Min., so kann ein Zug in 12 Min. zerlegt werden. In einer Stunde werden fünf Züge zerlegt. Zum Verschieben eines Wagens benötigt man $\frac{12 \cdot 60}{36} = 20$ Sek. (20 < 25). Ist jeder Wagen mit 10 t beladen, so ist die Nettolast eines jeden Zuges 360 t. In einer Stunde werden also $5 \cdot 360 = 1800$ t im Haupthafenbahnhof verarbeitet. Bei der Gesamtarbeitszeit von 10 Stunden täglich ist die Tagesleistung $10 \cdot 1800 = 18000$ t. Bei 307 Arbeitstagen im Jahr beträgt die Jahresleistung max. $307 \cdot 18000 = 5526000$ t. Ist jeder Wagen nur mit 8 t beladen (Reiswagen), so ist die Nettolast eines jeden Zuges 288 t. In einer Stunde werden dann $5 \cdot 288 = 1440$ t im Haupthafenbahnhof verarbeitet. Bei der Gesamtarbeitszeit von 10 Stunden ist dann die Tagesleistung $10 \cdot 1440 = 14400$ t und bei 307 Arbeitstagen im Jahr die max. Jahresleistung 4421000 t.

C. Berechnung für Mittelwerte des Umschlages.

Nach Abschnitt 6b beträgt die größte Reisausfuhr 3350000 t weißer Reis je Jahr. Nach Abschnitt 6l wird ⅓ der Reisausfuhr in bereits geschältem Zustand in den Hafen gebracht. Die restlichen ⅔ werden aus Rohreis gewonnen, wobei aus 1 t Rohreis ⅗ t weißer Reis geschält werden.

Daher beträgt die gesamte Reis- und Rohreiszufuhr:

$$\begin{array}{lr}\text{Rohreis} \ldots \ldots \ldots \ldots & 3\,350\,000 \text{ t/Jahr}\\ \text{Reis} \ldots \ldots \ldots \ldots \ldots & 1\,117\,000 \text{ t/Jahr}\\ \hline \text{zusammen} & 4\,467\,000 \text{ t/Jahr.}\end{array}$$

Davon entfallen auf die Eisenbahn

$$\tfrac{1}{3} \cdot 4\,467\,000 = 1\,489\,000 \text{ t/Jahr.}$$

Das erforderliche Wagenladevermögen (voll + leer) ist $2 \cdot 1\,489\,000 = 2\,978\,000$ t/Jahr für Reis und Rohreis. Das Wagenladevermögen für Stückgüter muß im Endausbau betragen:

$$\begin{array}{ll} 435\,000 \text{ t} & \text{(Menam-Bezirksbahnhof)}\\ 445\,000 \text{ t} & \text{(Bezirksbahnhof I Nord)}\\ \hline \text{insgesamt } 880\,000 \text{ t/Jahr.}\end{array}$$

Das gesamte Wagenladevermögen muß demnach betragen:

$$\begin{array}{l} 2\,978\,000 \text{ t/Jahr (Reis und Rohreis)}\\ \underline{880\,000 \text{ t/Jahr (Stückgüter)}}\\ 3\,858\,000 \text{ t/Jahr.}\end{array}$$

Davon entfallen auf

$$\begin{array}{ll} \text{Stückgüter} \ldots & 22{,}8 \text{ vH}\\ \text{Reis und Rohreis} & 77{,}2 \text{ vH.}\end{array}$$

Diesem Verhältnis entspricht eine Leistungsfähigkeit der Haupthafenbahnhofsanlage von

$$\begin{array}{l} 5\,526\,000 \cdot 0{,}228 = 1\,260\,000 \text{ t}\\ 4\,421\,000 \cdot 0{,}772 = \underline{3\,413\,000 \text{ t}}\\ \phantom{4\,421\,000 \cdot 0{,}772 = } 4\,673\,000 \text{ t/Jahr.}\end{array}$$

Es besteht also gegenüber der tatsächlich zu erwartenden Wagenladefähigkeit eine Reserve von

$$100 \cdot \frac{4\,673\,000}{3\,858\,000} - 100 = 121 - 100 = 21 \text{ vH.}$$

und es ist nicht zu befürchten, daß das zutrifft, was bisher bei allen Seehäfen, sehr zu ihrem Nachteil, eingetreten ist, nämlich, daß die Eisenbahnanlagen viel zu klein bemessen wurden und mit großen Mehrkosten später unzureichend erweitert werden mußten.

Eine noch bedeutend größere Reserve ergibt sich, wenn mit der in der Zukunft wahrscheinlich umzuschlagenden Reismenge von 2\,234\,300 t/Jahr gerechnet wird.

Ihr entspricht eine gesamte Reis- und Rohreiszufuhr von

$$\begin{array}{lr}\text{Rohreis} \ldots \ldots & 2\,234\,000 \text{ t/Jahr}\\ \text{Reis} \ldots \ldots \ldots & \underline{745\,000 \text{ t/Jahr}}\\ \text{zusammen} & 2\,979\,000 \text{ t/Jahr.}\end{array}$$

Davon entfallen auf die Eisenbahn:

$$\tfrac{1}{3} \cdot 2\,979\,000 = 993\,000 \text{ t/Jahr.}$$

Das erforderliche Wagenladevermögen im Endausbau ist daher

$$\begin{array}{l} 1\,986\,000 \text{ t/Jahr für Reis } (2 \cdot 993\,000)\\ \underline{+880\,000 \text{ t/Jahr für Stückgüter}}\\ 2\,866\,000 \text{ t/Jahr zusammen.}\end{array}$$

Davon entfallen auf

$$\begin{array}{ll} \text{Stückgüter} \ldots & = 30{,}7 \text{ vH}\\ \text{Reis} \ldots \ldots & = 69{,}3 \text{ vH}\end{array}$$

Diesem Verhältnis entspricht eine Leistungsfähigkeit der Haupthafenbahnhofsanlage von

$$\begin{array}{l} 5\,526\,000 \cdot 0{,}307 = 1\,696\,000 \text{ t/Jahr}\\ 4\,421\,000 \cdot 0{,}693 = \underline{3\,064\,000 \text{ t/Jahr}}\\ \text{zusammen } 4\,760\,000 \text{ t/Jahr.}\end{array}$$

Es besteht also gegenüber der tatsächlich zu erwartenden Wagenladefähigkeit eine Reserve von

$$100 \cdot \frac{4\,760\,000}{2\,866\,000} - 100 = 166 - 100 = 66 \text{ vH,}$$

welche bedeutende Stoßbelastungen aufnehmen kann und für die, in hohem Maße, der eingangs erwähnte Vorteil gegenüber anderen Seehäfen, zutrifft.

Der Haupthafenbahnhof muß im Endausbau aus betrieblichen Gründen folgende Gleisgruppen erhalten:

1. Eine *Einfahrgruppe* mit 8 Gleisen. (Für die 9 Hauptrichtungen (4 Inlandstrecken und 5 Bezirksbahnhöfe) erscheinen, da nicht alle Hauptrichtungen gleichzeitig belastet sind, 8 Gleise ausreichend. Hierbei sind Ferngleise und Umfahrgleise nicht mit einbezogen.)

2. Eine *Ordnungsgruppe* mit 16 Richtungsgleisen. (Bei 16 Richtungsgleisen stehen für jeden der 5 Bezirksbahnhöfe 2 Gleise, für Schwerlastumschlag und Dock zusammen 1 Gleis und für die 4 Inlandstrecken 5 Gleise zur Verfügung.)

3. Eine *Ausfahrgruppe* mit 4 Gleisen. (1 Gleis für Züge zur Schwerlastanlage und Dock, gleichzeitig 1 Gleis für die Züge nach dem Inland, Durchfahrtgleis, 2 Gleise für die Züge, die zu den Bezirksbahnhöfen gehen.) Westlich vom Haupthafenbahnhof muß eine Vorgruppe (mit Ausziehgleisen) bestehend aus 6 Gleisen angeordnet werden. (1 Gleis für Züge, die zu den Bezirksbahnhöfen gehen und 1 Reservegleis; 1 Gleis für Züge, die von den Bezirksbahnhöfen kommen und 1 Reservegleis; 2 Ferngleise.)

Die beiden Reservegleise können auch als Betriebsgleise verwendet werden.

D. Schlußbemerkung.

Es ist klar, daß durch die hier angestellten Überlegungen nur die rechnerisch zu erfassenden Anhaltspunkte für die tatsächlich notwendigen Ausmaße des Haupthafenbahnhofs und der Bezirksbahnhöfe gefunden wurden.

Die zweckmäßigste Anzahl der Gleise bei den verschiedenen Ausbauabschnitten wird sich erst jeweils aus dem Betrieb ergeben.

Man kann aber auf Grund der hier angestellten Untersuchungen feststellen, daß die jeweils gewählte Anzahl der Ladegleise (je ein Gleis an Kai, Schuppen und Speicher) durchaus ausreichend erscheint.

g) Straßenwege.

Eine Hauptstraße führt von der Stadt Bangkok durch die Hafensiedlung über den Hafenbahnhof hinweg in das Hafengelände. Die Vereinheitlichung der Zuführung erleichtert den Zollabschluß des Hafens. Aus der Haupthafenstraße zweigen Zuführungsstraßen zu den einzelnen Kais ab, die sich vor Kopf der Hafenbecken in schmalere Kaistraßen aufspalten. Es sind folgende Breiten für die Straßen einschließlich Fuß-, Radfahr- und Rikschawege vorgesehen (Abb. 75):

```
Hauptzufahrtstraße  . . . . . . . . . . . . . . . . . . . . . .  32 m
Hauptzubringer  zwischen  den  Bezirksbahnhöfen  I  Nord
     und II Süd. . . . . . . . . . . . . . . . . . . . . . . . .  18 m
Zufahrtstraßen zu den einzelnen Kaizungen  . . . . . . .  15 m
untergeordnete Hafenstraßen  . . . . . . . . . . . . . . .  6—9 m
```

Die Bahngleise sind überall in die Straßen eingepflastert, so daß die Nutzbreite dadurch erhöht wird.

Im Anschluß an die Straßen sind ausreichende Parkplätze vorgesehen.

Durch das Wohngebiet ist eine Hauptverkehrsader gelegt worden, die vom Norden nach Südost verläuft und den Verkehr der östlichen Hafenanlagen in sich aufnimmt, im übrigen aber auch einen repräsentativen Charakter aufweisen soll.

h) Wasserwege.

Die Kanäle (Klongs) haben im Endausbau eine Tiefe von 3,5 m unter MW, (im ersten Ausbau 3 m unter MW) und dienen dem Verkehr der Reiskähne, die eine Tragfähigkeit von 20—70 t (später) aufweisen. Infolge der großen Mengen von

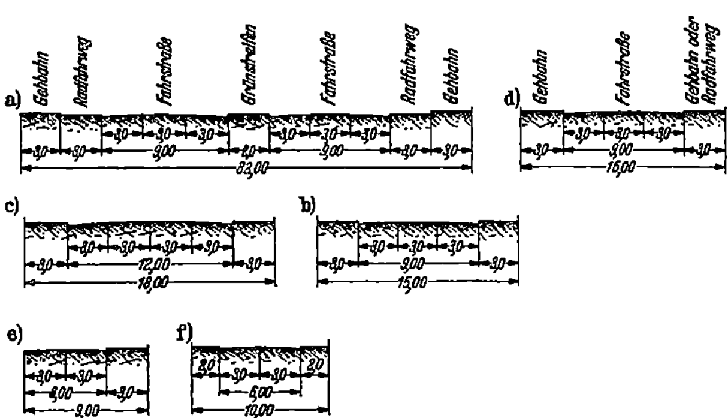

Abb. 75. Querschnitt durch die Hafenstraßen.

Reis, die auf dem Wasserwege herangebracht werden, kann ein reibungsloser Verkehr nur dann abgewickelt werden, wenn diese Binnenschiffskanäle eine genügende Breite besitzen, um sämtliche wartenden Kähne ohne Behinderung der Durchfahrt aufnehmen zu können. Es muß verhindert werden, daß die seeschifftiefen Teile des Hafens von den Binnenschiffen als Liegehäfen benutzt werden. Die Kanäle sind deswegen nicht nur Verkehrskanäle und Umschlagshafenbecken, sondern auch Liegehäfen. Die Breite des Kanals hinter dem Menam-Kai beträgt 45 m (Abb. 68), da dieser Kai sehr lang und sehr eng mit Reismühlen besetzt ist. Bei den beiden anderen Kanälen kann man sich mit einer Breite von 35 bzw. 30 m begnügen. Sie sind entweder kürzer oder nur einseitig an die Reismühlen angeschlossen.

i) Zollabschluß.

Das gesamte Hafengebiet wird durch einen Zaun vom Zollinland getrennt. Dieser Zaun ist im Generalplan durch eine strichpunktierte oder gestrichelte Linie angegeben (Abb. 67) und umfaßt:

die gesamten Bahnanlagen einschließlich der Ausziehgleise im Westen, jedoch ausschließlich der Anschlußgleise;

die gesamten Hafenanlagen ausschließlich der Wohnbezirke und der Fahrgastanlage für ausgehende Fahrgäste, der Schwerlastanlage, des Kohlenlagers und der Docks.

Eine Zollkontrolle für den Schienenweg ist daher nur an zwei Stellen, nämlich an den Anschlußgleisen des bestehenden Eisenbahnnetzes und dem Übergang der Auswandererbahnhofs-, Schwerlast-, Kohlenlager- und Dockgleise vom Zollausland in das Zollinland nötig. Ähnliches gilt für das Straßennetz. Hier kommt man mit einer Zollkontrolle am Rande des Wohngebietes nordöstlich der Bahnanlagen und einer zweiten an der Einwandererstation aus. Eine etwas umfangreichere Überwachung erfordern die Wasserwege. Zu diesem Zweck sind schwimmende Zollstellen im westlichen Bootshafen, am östlichen Ende des Menam-Kai und am Klong Phra-Kanong geplant. Diese Abfertigungsstellen kontrollieren die einkommenden Binnenschiffe, die entweder von der Flußseite oder aus dem Klong in den Hafen gelangen. Im wesentlichen dient die erstgenannte Zollstelle der Abfertigung der Schiffe am Menam-Kai, die zweite für die Klongs und die landeinwärts gelegenen Hafenbecken und die dritte für Binnenschiffe, die den Klong Phra-Kanong befahren.

k) Stückgutanlagen.

Die Länge der Schuppen mit 150 oder 300 m ist so gewählt, daß sie gleich der einfachen oder doppelten Länge der künftig in Bangkok verkehrenden Seeschiffe ist. Die Breiten der Schuppen betragen 32 oder 40 m, je nachdem ob es sich um einen Schuppen für Reismühlen oder Schuppen für den Stückgutumschlag handelt. Beim Stückgutumschlag genügt, da die Speicher mehrstöckig ausgeführt werden, eine Speicherbreite von 25 m, so daß für die Schuppen das Maß von 40 m übrigbleibt (Abb. 69). In den Schuppen befinden sich an der Stirnseite die Einbauten für den Betrieb. Zwischen den Schuppen befinden sich Zwischenräume von 30 m Breite für den Querverkehr und für Nebenanlagen. Die Stückgutspeicher sind dreistöckig und benötigen nicht die gesamte Schuppenlänge insbesondere deswegen nicht, weil während der trockenen Jahre viele Güter im Freien gelagert werden. Infolgedessen sind sie beim ersten Ausbau auf eine Länge von 2 · 120 m an Stelle von 300 m Schuppenlänge zusammengezogen worden, wovon jedoch vorerst nur Speicher 2b ausgebaut wird. Ob diese Form bei einem späteren Ausbau beibehalten wird, ist offengelassen und daher durch gestrichelte Linien angedeutet.

Für den ersten Ausbau ist vorgesehen, auf jede Schuppenlänge von 300 m 12 Halbtorkrane von 3 t Tragfähigkeit zu setzen, die gegebenenfalls noch vermehrt werden müssen, soll der Kai restlos und wirtschaftlich ausgenutzt werden.

Um nun im ersten Ausbau möglichst auch den Fahrgast- und Schwerlastumschlag zu erfassen, sind hier vorläufige Anlagen zu schaffen. Diese sind so an- und eingeordnet, daß sie auf den späteren Ausbau dieser Umschlagstrecken für ihre endgültige Bestimmung als Reisumschlags- und Reismühlenanlage Rücksicht nehmen (Abb. 66). So wird zunächst der Schuppen 4 nicht gebaut werden, sondern an seine Stelle wird der Umschlagplatz für schwere Güter gelegt. Der Schuppen 5 wird mit dem dahinterliegenden Reismühlengelände zu einer Fahrgastanlage eingerichtet. Der gesamte erste Ausbau erstreckt sich demnach nur auf den Menam-Kai-West und auf die südliche Strecke des Menam-Kai-Ost.

l) Leistungsfähigkeit der Umschlagsanlagen für Stückgut.

In der nachstehenden Berechnung ist von Umschlagsziffern ausgegangen worden, die einer ausgeglichenen Statistik des siamesischen Handels der letzten Jahre entstammen, bzw. darauf aufgebaute Schätzungen für die Zukunft darstellen. Die Verteilung der Ein- und Ausfuhr auf Schiff oder Bahn ist ebenfalls der Verkehrsstatistik in abgerundeter Form entnommen worden.

An Hand europäischer Erfahrungen sind überschläglich folgende Annahmen getroffen worden: Als nutzbare Schuppen- und Speicherfläche wurde sehr vorsichtig $^2/_3$ der vorhandenen Grundfläche angesetzt. Die durchschnittliche Ausnutzung der Stückgutkrane ist mit 40 t/Tag verhältnismäßig niedrig geschätzt. Als Tageshöchstleistung sind 80 t angenommen worden. Die Berechnung des Umschlages enthält folgende Einzelnachweise: Nachdem die Ein- und Ausfuhrziffern festgelegt sind, wird die Belastung der Schuppen und Speicher je m² im Jahr, die Belastung des Kais in t/lfd. m im Jahr und die Belastung der Krane in t/Tag ausgerechnet. Danach wird unter Zugrundelegung einer Schuppenbelastung von nur 1 t/m² die Anzahl der Tage ausgerechnet, die bei dem gegebenen Jahresumschlag das Gut im Schuppen oder Speicher liegen kann. Durch eine überschlägliche Umrechnung läßt sich ermitteln, daß 1 BRT normalerweise ungünstig gerechnet etwa 1 t Gewichtsladung (nach Tafel 4 und 5 etwa 1,15—1,50 t bei voller Auslastung des Schiffes, die jedoch nur bei schweren Gütern möglich ist, während bei der gewöhnlichen Zusammensetzung der Schiffsgüter sich etwa 1,14 t Durchschnitt ergeben) entspricht. Man kann auf dieser Voraussetzung aufbauend die Anzahl der Schiffe berechnen, die erforderlich sind, um den vorhandenen Umschlag im Jahre zu bewältigen. Die sich ergebenden Zahlen sind verschieden, je nachdem ob man annimmt, daß große oder kleine Schiffe den Hafen berühren und je nachdem, ob die Schiffe voll oder weniger voll geladen werden. Unter diesen verschiedenen Voraussetzungen ist die Anzahl der Schiffe berechnet worden, die im Jahr Ladung einnehmen oder abgeben, ferner ist deren durchschnittliche Liegezeit ermittelt worden, und zwar zunächst als erforderliche Liegezeit aus der Länge des Kais und der Anzahl der Schiffe im Jahr. Die Anzahl der Umschlagsgeräte und ihre Leistungsfähigkeit muß so groß sein, daß die vorhandene Kailänge ausreicht, um im

Jahresdurchschnitt sämtlichen Schiffen ein Anlegen zu gestatten. Unter der Annahme, daß die Ladung eines Dampfers auf einer gleich langen Schuppenstrecke untergebracht werden soll, wurde die Schuppenbelegung bestimmt. Hierbei muß allerdings damit gerechnet werden, daß wohl nur ein Teil dieser Belegung in Wirklichkeit auftritt, da wohl mehr Ladung unmittelbar auf Eisenbahn, Binnenschiff oder Kraftwagen umgeschlagen wird, als dies in der Berechnung vorgesehen ist ($\frac{1}{4}$ des Gesamtumschlages).

Erster Ausbau (Menam-Ufer), Stückgut.

Einfuhr . . . . 200000 t/Jahr
Ausfuhr . . . . 70000 ,, = 0,35 v. H. der Einfuhr
insgesamt $\overline{270000}$ t/Jahr = 1,35 v. H. der Einfuhr,
davon $\frac{1}{4}$ Umschlag Schiff/Bahn . . . . . . Einfuhr 50000 t
Ausfuhr $\underline{17500}$ t
$\overline{67500}$ t
$\frac{3}{4}$ über den Schuppen . . . . Einfuhr 150000 t
Ausfuhr $\underline{52500}$ t
$\overline{202500}$ t

Zur Verfügung stehen:
Für Stückgut 2 Schuppen zu 300 m Länge und 4 Speicher zu 120 m Länge mit 3 Stockwerken.
Schuppen $2 \cdot 300 = 600$ m Länge; $2 \cdot 300 \cdot 40 = 24000$ m²;
Speicher $4 \cdot 120 \cdot 25 \cdot 3 \qquad = 36000$ m²;
(In Bremen entspricht 1 m² Schuppen $\gtrless$ 1 m² Speicher, in Hamburg desgl.)
Die Nutzfläche ist vorsichtig gerechnet $\frac{2}{3}$ der Grundfläche (gegebenenfalls auch $\frac{4}{5}$), je Schiffsliegestelle: 4000 m². Schuppen $\frac{2}{3} \cdot 24000 = 16000$ m²,
Speicher $\frac{2}{3} \cdot 36000 = 24000$ m²,
Krane je Schuppen = 2 Schiffslängen = 300 m: 12 Stück,
Ausnutzung der Krane im Jahresdurchschnitt: 40 t/Tag Leistungsfähigkeit; im Tagesdurchschnitt bei vollem Betrieb: 80 t.

Belastung   Vergleich Bremen:

der Schuppen . . . . $\dfrac{202000}{16000}$ t/m² = 12 t/m²,   8 t/m²

der Speicher bei Speicherung von 50 vH der Güter . $\dfrac{101000}{24000}$ t/m² = 4,2 t/m²,

des Kais . . . . $\dfrac{270000 \text{ t}}{600 \text{ m}}$ = 450 t/m,   500 t/m

der Krane . . . . $\dfrac{270000}{307 \cdot 12 \cdot 2}$ = 36,7 t/Tag   40 t/Tag

bei einer Annahme von 307 Arbeitstagen im Jahr.
Mittlere Aufenthaltsdauer im Schuppen bei 1 t/m² Schuppenlast

$$\frac{307 \cdot 1 \cdot 16000}{202000} = 24,3 \text{ Tage},$$

in den Speichern . . . . $\dfrac{307 \cdot 24000}{101000}$ = 73 Tage.

Also sind dreigeschossige Speicher groß genug.
Tragfähigkeit der Schiffe

$$0,67 \text{ t/m}^3 \cdot 2,83 \cdot 0,6 = 1,14 \text{ t}$$
$$1 \text{ BRT} = 1,14 \text{ t Last} \sim 1 \text{ t}$$

wobei 0,67 t/m³ = mittleres Raumgewicht der Ladung, 2,83 m³ = RT und 1 NRT = 0,6 BRT sind.

A. Nur Einfuhr.

Mittlere Schiffe 5000 BRT = 5000 t Ladung;
1. Annahme: $\frac{1}{2}$ Ladung für Bangkok . . . . = 2500 t;

Anzahl der Schiffe . . . . $\dfrac{200000}{2500}$ = 80 Schiffe/Jahr;

durchschnittliche Liegezeit bei 4 Schiffsliegeplätzen . . . $\dfrac{307 \cdot 4}{80}$ = 15,4 Tage;

erforderliche Liegezeit:

Löschen . . . . $\dfrac{2500 \text{ t}}{6 \cdot 80}$ = 5,2 Tage,

Laden . . . . $\dfrac{0,35 \cdot 2500}{6 \cdot 80}$ = 1,8 Tage,

insgesamt . . . . = 7 Tage

2. Annahme: $\frac{1}{4}$ Ladung für Bangkok . . . . . . $\dfrac{200000}{1250}$ = 160 Schiffe/Jahr;

durchschnittliche Liegezeit . . . . $\dfrac{307 \cdot 4}{160} = 7{,}7$ Tage;

erforderliche Liegezeit:

$$\begin{array}{ll} \text{Löschen} & \ldots \ldots \ldots \ldots \; 2{,}6 \text{ Tage} \\ \text{Laden} & \ldots \ldots \ldots \ldots \; \underline{ 0{,}9 \;\;,,} \\ & 3{,}5 \text{ Tage.} \end{array}$$

Schuppenbelegung für mittlere Schiffe:

$$1{,}35 \cdot 5000 \text{ t Ladung}: \quad \dfrac{1{,}35 \cdot 5000 \text{ t}}{4000 \text{ m}} = 1{,}70 \text{ t/m}^2,$$

$$1{,}35 \cdot 2500 \text{ t} \qquad\qquad\qquad = 0{,}85 \text{ t/m}^2.$$

B. Ein- und Ausfuhr.

Ladung der Schiffe:

$$\text{Großes Schiff} \ldots \left. \begin{array}{l} 5000 \text{ t Einfuhr} \\ \underline{1750 \text{ t Ausfuhr}} \\ 6750 \text{ t} \end{array} \right\} = 10000 \text{ BRT mit etwa } \tfrac{1}{2} \text{ Ladung}$$

$$\text{Mittleres Schiff} \ldots \left. \begin{array}{l} 2500 \text{ t Einfuhr} \\ \underline{875 \text{ t Ausfuhr}} \\ 3375 \text{ t} \end{array} \right\} = 5000 \text{ BRT mit etwa } \tfrac{1}{2} \text{ Ladung}$$

$$\text{Mittleres Schiff} \ldots \left. \begin{array}{l} 1250 \text{ t Einfuhr} \\ \underline{450 \text{ t Ausfuhr}} \\ 1700 \text{ t} \end{array} \right\} = 5000 \text{ BRT mit etwa } \tfrac{1}{4} \text{ Ladung}$$

Anzahl der Schiffe:

$$\text{Große Schiffe mit } \tfrac{1}{2} \text{ Ladung}: \quad \dfrac{200000}{5000} = 40 \text{ Schiffe/Jahr}$$

$$\text{Mittlere Schiffe mit } \tfrac{1}{2} \text{ Ladung}: \quad \dfrac{200000}{2500} = 80 \qquad ,,$$

$$\quad ,, \quad ,, \quad \tfrac{1}{4} \quad ,, \qquad \dfrac{200000}{1250} = 160 \qquad ,,$$

Liegezeit erforderlich:

Große Schiffe mit $\tfrac{1}{2}$ Ladung:

$$\text{Löschen} \ldots \ldots \; \dfrac{5000}{6 \cdot 80} = 10 \text{ Tage}$$

$$\text{Laden} \ldots \ldots \; \dfrac{1750}{6 \cdot 80} = 4 \text{ Tage}$$

$$\phantom{\text{Laden} \ldots \ldots \;} \overline{ 14 \text{ Tage;}}$$

mittlere Schiffe mit $\tfrac{1}{2}$ Ladung:

$$\text{Löschen} \ldots \ldots \; \dfrac{2500}{6 \cdot 80} = 5 \text{ Tage}$$

$$\text{Laden} \ldots \ldots \; \dfrac{875}{480} = 2 \text{ Tage}$$

$$\phantom{\text{Laden} \ldots \ldots \;} \overline{ 7 \text{ Tage;}}$$

mittlere Schiffe mti $\tfrac{1}{4}$ Ladung:

$$\text{Löschen} \ldots \ldots \; \dfrac{1250}{480} = 3 \text{ Tage}$$

$$\text{Laden} \ldots \ldots \; \dfrac{450}{480} = 1 \text{ Tag}$$

$$\phantom{\text{Laden} \ldots \ldots \;} \overline{ 4 \text{ Tage.}}$$

vorhandene Liegezeit bei 4 Schiffsliegeplätzen:

$$\text{großes Schiff } (\tfrac{1}{2} \text{ Ladung}) \ldots \dfrac{307 \cdot 4}{40} = 30{,}7 \text{ Tage}$$

$$\text{mittleres Schiff } (\tfrac{1}{2} \text{ Ladung}) \ldots \dfrac{307 \cdot 4}{80} = 15{,}4 \;\; ,,$$

$$\text{mittleres Schiff } (\tfrac{1}{4} \text{ Ladung}) \ldots \dfrac{307 \cdot 4}{160} = 7{,}7 \;\; ,,$$

Schuppenbelegung: $\quad \dfrac{6750 \cdot \tfrac{3}{4}}{\tfrac{3}{4} \cdot \tfrac{2}{3} \cdot 150 \cdot 40} = 1{,}7 \text{ t/m}^2$

bei großem Schiff mit $\tfrac{1}{2}$ Ladung, wenn $\tfrac{1}{4}$ Platz für Dauerlagerung in Anspruch genommen wird; bei großem Schiff (10000 BRT) und voller Ladung (11400 t Einfuhr und 4000 t Ausfuhr) muß der Schuppen zu $\tfrac{2}{3}$ ausgenutzt werden. Wenn dann $\tfrac{3}{4}$ des Umschlags über den Schuppen geht, ist die Schuppenbelastung:

$$\dfrac{10000 \cdot 1{,}14 \cdot 1{,}35 \cdot 3 \cdot 3}{150 \cdot 40 \cdot 4 \cdot 2} = 2{,}9 \text{ t/m}^2$$

(zulässig gemäß statischer Berechnung 3 t/m²).

Zweiter Ausbau (Becken 1 Nord), Stückgut.

Einfuhr 400000 t/Jahr — 200000 t/Jahr = 200000 t/Jahr,
Ausfuhr 160000 t/Jahr — 70000 t/Jahr = 90000 t/Jahr = 0,45 v. H. der Einfuhr
$$290000 \text{ t/Jahr} = 1,45 \text{ v. H. der Einfuhr}$$

davon ¼ Umschlag Schiff/Bahn: Einfuhr 50000 t
Ausfuhr 22500 t
72500 t;

¾ Umschlag über den Schuppen: Einfuhr 150000 t
Ausfuhr 67500 t
217500 t.

Kailänge: 840 m.
Schuppenfläche: $40 \cdot (240 + 600)$ . . . . $= 33600 \text{ m}^2$,
nutzbare Schuppenfläche: $\frac{2}{3} \cdot 33600$ . . . . . $= 22400 \text{ m}^2$,
Speicherfläche: $6 \cdot 25 \cdot 120 \cdot 3$ . . . . $= 54000 \text{ m}^2$,
nutzbare Speicherfläche: $\frac{2}{3} \cdot 54000$ . . . . . $= 36000 \text{ m}^2$,
Krane: $10 + 12 + 12$ . . . . $= 34 \text{ Stück.}$

Belastung der Schuppen . . . . $\dfrac{217500}{22400} = 9,7 \text{ t/m}^2/\text{Jahr,}$

der Speicher (bei 50 vH Speicherung) $\dfrac{217500}{2 \cdot 36000} = 3 \text{ t/m}^2/\text{Jahr,}$

des Kais . . . . $\dfrac{290000}{840} = 345 \text{ t/m,}$

der Krane: . . . . $\dfrac{290000}{307 \cdot 34} = 27,8 \text{ t/Tag;}$

mittlere Aufenthaltsdauer der Güter:

im Schuppen . . . . $\dfrac{307 \cdot 1 \cdot 22400}{217500} = 31,6 \text{ Tage,}$

im Speicher (bei 50 vH Speicherung) $\dfrac{2 \cdot 307 \cdot 1 \cdot 36000}{217500} = 101,5 \text{ Tage.}$

m) Fahrgastanlagen.

Der Eisenbahnbetrieb an der endgültigen Fahrgastanlage ist bereits in Abschnitt 6e behandelt worden. Die Fahrgastanlage liegt im endgültigen Ausbau am östlichen Menam-Ufer stromab der

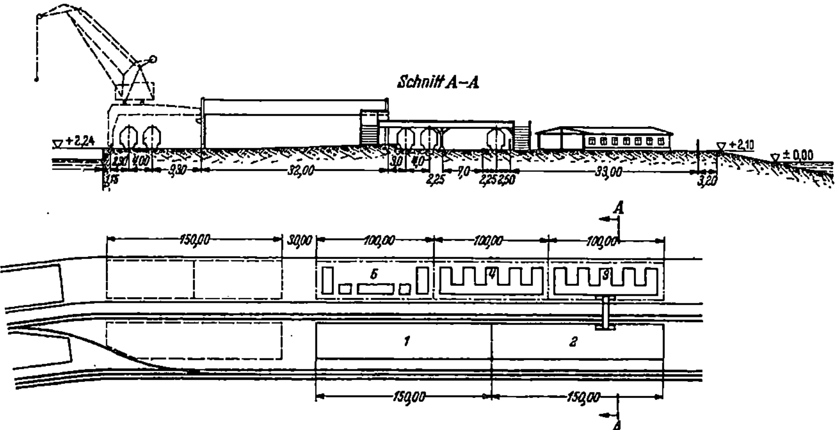

Abb. 76. Vorläufige Fahrgastanlage am Menamkai.
Oben von links nach rechts: Kai, Fahrgastschuppen (1 = Einwanderung, 2 = Auswanderung), Übergang zur Quarantäne, Baracken für Quarantäne (3), Hospital (4) und Zoll (5), dahinter Binnenschiffskanal.

Einfahrt in die Stichbecken. Sie bietet Anlegestellen für zwei 160 m-Schiffe. Der Kaiabschnitt für die Einwanderung ist durch ein Gitter von dem übrigen Hafengelände abgetrennt, das erstens als Zollgitter dient und zweitens verhindert, daß Fahrgäste, die die ärztlichen Untersuchungsformalitäten noch nicht durchlaufen haben, mit der Außenwelt in Berührung kommen. Die ärztliche Untersuchung findet in dem Gebäude westlich der Einwandererstation statt. Personen, die seuchenverdächtig sind, kommen von dort aus in die eigentliche Quarantäne, und Seuchenkranke werden in das Hospital, das eine eigene Seuchenstation besitzt, eingeliefert. Personen, die gesundheitlich für einwandfrei befunden wurden, können das Hafengelände im Kraftwagen auf der mit drei Fahrspuren ausgerüsteten Straße, die im Osten und Norden im Zollinland um das Hafengelände herumführt, oder mit Hilfe der Eisenbahn verlassen. Die Auswanderer sind weder durch Zoll- noch durch Quarantänesperren auf ihrem Wege zum Schiff behindert. Gleis und Straße führen daher ohne Schranken an den dafür vorgesehenen Kai. Die Auswanderer gelangen vom Auswandererbahnsteig über eine leichte Fußgängerbrücke, die die Anschlußstraße überspannt, zum Auswandererkai, wobei sie das Kaiplanum über zwei Treppen, die seitlich an der Fußgängerbrücke angeordnet sind, erreichen. Die Begleiter begeben sich über die Brücke unmittelbar auf die Plattform, auf der sie der Abfahrt des Schiffes beiwohnen. Die Plattform ist für Begleitpersonen, die auf dem Straßenwege ankommen, noch im Osten und Westen mit je einer Treppe versehen. Unter der erhöhten Plattform wickelt sich der eigentliche Auswandererverkehr ab.

Die Fahrgastanlage für den ersten Ausbau liegt an der Stelle des Schuppens Nr. 5. Die Entfernung der Einbauten im Schuppen genügt, um ihn später seinem eigentlichen Zweck zuzuführen. Die vorläufige Fahrgastanlage ist in Abb. 76 gesondert dargestellt. Auch sie bietet Anliegestellen für zwei 160 m-Schiffe. Die eigentliche Fahrgasthalle wird für ausfahrende und einkommende Schiffe in der Mitte geteilt. Hinter ihr liegen an Stelle der Reismühle 5 Quarantäne, Hospital und Wohnbaracken für das Personal, die sämtlich durch einen Zaun vom übrigen Hafengelände und voneinander getrennt sind. Zwischen Quarantäne und der als Einwandererstation vorgesehenen östlichen Schuppenfläche stellt eine Übergangsbrücke die Verbindung so her, daß alle Einwanderer, ohne mit dem übrigen Hafenbetrieb vorher in Berührung zu kommen, der ärztlichen Untersuchung zugeführt werden können.

n) Schwerlastumschlag.

Für schwere Lastgüter ist im endgültigen Ausbau neben der Fahrgastanlage ein besonderer Lagerplatz von $100 \cdot 20 = 2000$ m² für Schwerlastgüter vorgesehen. Die Anliegestelle bietet dem 160 m-Schiff Platz. Sie besitzt einen guten Straßen- und Eisenbahnanschluß. Im ersten Ausbau liegt die Schwerlastanlage an der Stelle des später zu errichtenden Schuppens 4. Hier wird der Schuppenfußboden bereits jetzt hergestellt, so daß später ohne bauliche Veränderungen auf ihm der Reisschuppen errichtet werden kann. Für den Schwerlastkai sind besondere Krane erforderlich, die erhöhte Leistungsfähigkeit besitzen.

o) Reisumschlags- und Verarbeitungsanlagen.

Ein wesentlicher Teil des Hafengeländes wird durch Umschlags- und Verarbeitungsanlagen für Reis bzw. Rohreis (Paddy) in Anspruch genommen. Eine solche Umschlagsanlage ist zweiteilig. An der Kanalseite stehen Reismühle und Rohreissilos mit den dazugehörigen maschinellen Einrichtungen für Reisumschlag und Reisverarbeitung, das Trocknen, Vergasen und Müllen des Reises. Reismühlen sind mit einer Grundstückbreite von 33 m, vereinzelt im nördlichen und östlichen Teil des Hafens von 40 und 50 m vorgesehen. Die dazugehörigen Schuppen erhalten die schmaleren Abmessungen von 32 m, Schuppen 16 und 17 40 m (Abb. 70). Gemäß Abschnitt 6p können je Mühle, das ist auf 150 m Kailänge, 100000 t Rohreis im Jahr verarbeitet werden. Der größte Teil des Reises kommt aus dem Binnenlande mit Binnenschiffen und zwar im ungeschälten Zustande als Rohreis in den Hafen und wird in den Binnenschiffskanälen umgeschlagen. Dieser Rohreis ist verhältnismäßig gut lagerfähig, wenn seine Feuchtigkeitsgehalt 12—16 vH nicht übersteigt. Für seine Lagerung sind die Silos vorgesehen. Der Rohreis wird geschält, wobei die beim Schälen entstehenden Hülsen als Brennstoff zum Betrieb von Kraftwerken ausgenutzt werden können. Es fallen verhältnismäßig große Mengen Hülsen an, die weite Lagerplätze fordern. Zur Lagerung des gemüllten Reises dienen die vor den Reismühlen gelegenen Schuppen, die für eine etwa 4,5—5 m hohe Stapelung eingerichtet sind. Die Stapelung ist dadurch begrenzt, daß die Schuppenböden allgemein für 3 t/m³ Belastung berechnet sind und diese Belastung ausgenutzt werden soll. Für den Reisumschlag bedarf man besonderer Anlagen. Während die Reismühle am Kanal angeordnet ist, wird am seeschifftiefen Kai der Lagerschuppen für gemahlenen und gesackten Reis in der gleichen Art wie die Stückgutschuppen errichtet werden. Für den Umschlag Schuppen-Schiff werden besondere Umschlagsgeräte angesetzt werden müssen, um große Umschlagsleistungen zu erzielen.

p) Berechnung der Leistungsfähigkeit der Umschlagsanlagen für Reis.

Für die Umschlagsanlagen für Reis gelten die Annahmen, die in Abschnitt 6l für Stückgut aufgeführt sind. Es werden die gleichen Untersuchungen durchgeführt. Dabei ist angenommen, daß auf 150 m Reismühlenlänge im Endausbau 100000 t Rohreis im Jahr verarbeitet werden. Die Leistungsfähigkeit der Umschlagsanlagen beträgt bei 10stündiger Arbeitszeit für die Entladung der Binnenschiffe auf der Kanalseite mit fünf Aggregaten im Mittel 100 t/Std. Die Tagesleistung beträgt 500 t, also gleich der Tagesleistung der Mühle, zuzüglich der Mengen, die im Silo gespeichert werden. Der Rohreis kommt in Kähnen von 20—70 t Tragfähigkeit lose an. Die Abmessungen dieser Kähne zeigt Tafel 7.

Der gemahlene Reis wird abgesackt im Reisschuppen gelagert. Bei einer zulässigen Bodenbelastung von 3 t/m² beträgt die Stapelhöhe 4,5—5 m, das sind 14—16 Säcke. Aus dem Reisschuppen sollen gleichzeitig zwei Dampfer mit einer mittleren Ladefähigkeit von 5000 t und einer größten Ladefähigkeit von 10000 t beladen werden. Das entspricht einem BRT-Gehalt von $\dfrac{10000}{0,75 \cdot 2,83 \cdot 0,6} \approx 8000$ BRT, wenn das mittlere Raumgewicht des Reises 0,75 t/m³ ist.

Tafel 7: Abmessungen der Binnenschiffe in Thailand.

Tragfähigkeit t	Länge m	Breite m	Tiefgang m
22,0	13,20	4,42	1,50
37,4	14,50	4,82	2,00
58,3	14,70	5,27	2,14

Die stündliche Leistung beträgt je Dampfer 1000 Sack in der Stunde, das ist 1000 · 240 · 0,454 kg netto/Stunde = 109 t/Stunde. Ein Sack wiegt netto 240 · 0,454 = 109 kg. Infolgedessen wird mit einer Beladeleistung von 100 t/Stunde über 10 Stunden gleich 1000 t/Tag gerechnet. Bei Minderung der Stundenleistung muß die Arbeitszeit etwa auf 16 Stunden verlängert werden. Der Rohreis wiegt 0,55—0,60 t/m³, der Reis 0,7—0,8 t/m³. Man erhält aus 100 t Rohreis rd. 67 t weißen Reis, 20 t Hülsen, und 13 t Kleie (Bran). Fast die gesamte Reisausfuhr geht über Bangkok. Vom ausgeführten Reis kommen an als Rohreis etwa ²/₃, als gemüllter Reis etwa ⅓ der Gewichtsmenge des Gesamtreises, also ergeben 33 t weißer Reis und 100 t Rohreis zusammen 100 t Reisausfuhr. Der Rohreis kommt zur Zeit des ersten Ausbaues zu 80 vH im Boot und zu 20 vH mit der Eisenbahn an. Es kommen daher bei 100 t Reisausfuhr 80 t Rohreis im Schiff an. Die gesamte Reisausfuhr beträgt zur Zeit etwa 1600000 t. Die Mühle arbeitet unter den bestehenden Marktbedingungen 200 Tage im Jahr. Es wird daher mit 200 Arbeitstagen der Mühle, 365 Jahrestagen und 307 Schiffahrts- und Umschlagstagen gerechnet. Der Silo soll im ersten Teilausbau ein Fassungsvermögen von 15000 t entsprechend 30 Tagen Mühlenerzeugung erhalten, das ist 15 vH der Jahresleistung. Im Silo kann nur Rohreis gelagert werden, und zwar in 5—8 verschiedenen Sorten, von denen drei Sorten zu gleicher Zeit eingefüllt werden können. Die zulässige Lagerzeit von trockenem Rohreis beträgt mehrere Monate, die von abgesacktem Reis ebenfalls. Als Abfallerzeugnisse fallen außer „Bran" (Kleie) in der Reismühle noch Rohreishülsen an und zwar gewichtsmäßig 20 vH des verarbeiteten Rohreises. Die Hülsen haben ein Raumgewicht von 125 kg/m³; da der Rohreis 0,55—0,60 t/m³ wiegt und das Hülsengewicht = 20 vH des Rohreisgewichts ist, kommen auf 1 m³ Rohreis ungefähr 1 m³ Hülsen. Täglich werden im ersten Ausbau $\dfrac{500}{0,6} = 830$ m³ Rohreis verarbeitet und 830 m³ Hülsen erzeugt. Hierfür ist ein Lagerplatz von 75 · 33 = 2500 m² hinter dem Schuppen 4 vorgesehen.

1. Ausbau Menamkai (Schuppen 3).

Reismühlen	. . . .	33 · 300	= 9900 m²;
Kailänge	. . . .		= 300 m;
Schuppen	. . . .	32 · 300	= 9600 m²;
nutzbare Schuppenfläche	. .	²/₃ · 9600	= 6400 m² (1. und 2. Teilausbau);
			= 3200 m² (1. Teilausbau).

Leistungsfähigkeit der Anlage:

Reismühle 1. Teilausbau (½ Mühle) 500 t Rohreis/Tag · 200 Tage = 100000 t Rohreis/Jahr;
 „ 1. und 2. Teilausbau (1 Mühle) 1000 t Rohreis/Tag = 200000 t Rohreis/Jahr;
Silo 0,15 · 100000 t (1. Teilausbau) . . . . = 15000 t;
 0,15 · 200000 t (1. und 2. Teilausbau) . . . . = 30000 t;
Schuppen 3200 m² · 3 t/m² (1. Teilausbau) . . . . = 9600 t;
 6400 m² (1. und 2. Teilausbau) . . . . = 19200 t.

Belastung im Jahre:
Schuppen 3, wenn die gesamte Reisausfuhr durch den Schuppen geht

$$\frac{100000}{6400} = 15,6 \text{ t/m}^2/\text{Jahr};$$

Kai . . . . $\dfrac{100000}{150} = 667$ t/m/Jahr.

Lagerungszeit des Gesamtumschlags von 100000 t:
im Silo (Rohreis) 30 Arbeitstage der Mühle . . . . = 54,8 Jahrestage;
im Schuppen bei 3 t/m²: $\dfrac{200 \cdot 3 \cdot 3200}{100000}$ . . . . = 19,2 Arbeitstage der Mühle,
 = 35 Jahrestage,
 = 29,5 Schiffahrtstage.

Anzahl der Schiffe auf 150 m Kailänge:

$$\text{bei mittleren Schiffen} \dots \frac{100000}{5000} = 20 \text{ Schiffe/Jahr,}$$

$$\text{,,   ,, mit } \tfrac{1}{2} \text{ Fracht} \dots \frac{100000}{2500} = 40 \text{ Schiffe/Jahr,}$$

$$\text{,, großen Schiffen} \dots \frac{100000}{10000} = 10 \text{ Schiffe/Jahr.}$$

Liegezeit, erforderlich:

$$\text{für mittlere Schiffe} \dots \frac{5000}{1000} = 5 \text{ Arbeitstage der Umschlagsgeräte,}$$

$$\text{,,   ,, mit } \tfrac{1}{2} \text{ Fracht} \dots \frac{2500}{1000} = 2,5 \text{ ,,   ,,   ,,}$$

$$\text{,, große Schiffe} \dots \frac{10000}{1000} = 10 \text{ ,,   ,,   ,,}$$

vorhanden:

$$\text{,, mittlere Schiffe} \dots \frac{307}{20} \cong 15,4 \text{ Schiffahrtstage,}$$

$$\text{,, mit } \tfrac{1}{2} \text{ Fracht} \dots \frac{307}{40} \cong 7,7 \text{ ,,}$$

$$\text{,, große Schiffe} \dots \frac{307}{10} = 30,7 \text{ ,,}$$

2. Ausbau Menamkai (Schuppen 3, 4 und 5, Mühle 3 und 5).

Leistungsfähigkeit der Anlage:

$$\text{Mühlen} \quad 4 \cdot 100000 \dots = 400000 \text{ t Rohreis/Jahr;}$$
$$\text{Silo} \quad 4 \cdot 15000 \dots = 60000 \text{ t Rohreis;}$$
$$\text{Schuppen} \; 2,5 \cdot 6400 \cdot 3 \dots = 48000 \text{ t Reis.}$$

Belastung im Jahr (wenn die gesamte Reisausfuhr durch die Schuppen geht):

$$\text{Schuppen} \dots \frac{400000}{2,5 \cdot 6400} = 25 \text{ t/m}^2;$$

$$\text{Kai} \dots \frac{400000}{750} = 534 \text{ t/m.}$$

Lagerungszeit des Gesamtumschlages von 400000 t:

im Silo (Rohreis) 30 Arbeitstage der Mühlen $\dots = 54,8$ Jahrestage;

in den Schuppen bei 3 t/m^2: $\dfrac{200 \cdot 3 \cdot 6400 \cdot 2,5}{400000} \dots = 24$ Arbeitstage der Mühlen.
$$= 43,8 \text{ Jahrestage.}$$
$$= 36,8 \text{ Schiffahrtstage.}$$

Anzahl der Schiffe auf 5 Liegeplätzen (750 m Kailänge):

$$\text{bei mittleren Schiffen} \dots \frac{400000}{5000} = 80 \text{ Schiffe/Jahr;}$$

$$\text{,,   ,, mit } \tfrac{1}{2} \text{ Fracht} \dots \frac{400000}{2500} = 160 \text{ ,,}$$

$$\text{,, großen Schiffen} \dots \frac{400000}{10000} = 40 \text{ ,,}$$

Liegezeit, erforderlich wie unter 1.

für mittlere Schiffe mit $\tfrac{1}{2}$ Fracht $\dots \dfrac{5000}{1000} = 5$ Arbeitstage der Umschlagsgeräte (Schiffahrtstage)

$$\text{,,   ,,   ,,} \dots \frac{2500}{1000} = 2,5 \text{ ,,   ,,   ,,   ,,}$$

$$\text{,, große ,,} \dots \frac{10000}{1000} = 10 \text{ ,,   ,,   ,,   ,,}$$

Liegezeit bei 5 Schiffsliegestellen
vorhanden:

$$\text{für ein mittleres Schiff} \dots \frac{207 \cdot 5}{80} = 19,2 \text{ Schiffahrtstage;}$$

$$\text{,,   ,,   ,,   ,, } (\tfrac{1}{2} \text{ Fracht}) \frac{307 \cdot 5}{160} = 9,6 \text{ ,,}$$

$$\text{,,   ,, großes Schiff} \dots \frac{307 \cdot 5}{40} = 38,4 \text{ ,,}$$

Schuppenbelegung für 1 Schiff (gültig für jeden Ausbau):

$$\frac{10000}{3200} = 3,13 \text{ t/m}^2, \text{ zulässig 3 t/m}^2.$$

Da ein Teil des Reises unmittelbar mit der Bahn oder im Kraftwagen ankommt, reicht die Belegung mit 3 t/m^2 aus.

3. Späterer Ausbau.

Je Mühle (150 m Frontlänge) = 100000 t Rohreis/Jahr = 667 t Rohreis/lfd. m Mühle, das sind 667 · 0,667 = 445 t/m weißer Reis.

<pre>
                                                    t Rohreis/Jahr t weißer Reis/Jahr
Becken 1 Süd: 4 Mühlen mit 1040 m Länge = 693700 = 462800
   „   1 „ : 3   „   „   740 m   „   = 493600 = 329300
   „   2 Nord: 4   „   „   970 m   „   = 647000 = 431700
Menam-Kai: 2   „   „   600 m   „   = 400000 = 267000
                                             ─────────────────────
                                            2234300 = 1490800
</pre>

Bei Steigerung der Arbeitszeit der Mühlen von 200 auf 300 Tage 3350000 t Rohreis/Jahr.

4. Bemessung des Silos.

Der erforderliche Speicherraum ergibt sich als Differenz aus der Zu- und Abfuhrsumme zum bzw. vom Hafen. Reisspeicherung 1938 in t siehe Tafel 8. Es ist die

mittlere Monatsmenge 106000 t; die größte Monatsmenge 218564 = 2,06 mal der mittleren Monatsmenge; Jahresmenge 1272000 t; Speichermenge 170000 t Reis.

Dem entsprechen $170000 \cdot \frac{2}{3} \cdot \frac{3}{2} = 170000$ t

Rohreis, das ist 13,4 vH der Jahresmenge.

Gewählter Speicherraum im Silo für 1. Teilausbau 15 vH.

5. Speicherung des gesackten Reises im Schuppen = 29,5 Schiffahrtstage (s. unter 1),

mittlere Abfahrt der Schiffe alle 15,4 Schiffahrtstage (s. S. 56).

Der Schuppeninhalt (mehr als eine Schiffsladung) würde umgeschlagen werden in $\frac{19200}{1000}$ ≙ 20 Schiffahrtstagen.

Die Bemessung ist also reichlich.

Tafel 8: Verteilung der Reisausfuhr während des Jahres 1938.

Monat	Monatliche Ausfuhr t	Summen der Monatsausfuhr t	Summen der Zufuhr bei gleichmäßiger Verteilung t	Speicherbedarf t
1	124360	124360	106000	18360
2	134292	258652	212000	46652
3	218564	477216	318000	159216
4	113402	590618	424000	166818
5	108695	699313	530000	169313
6	83663	782976	636000	146976
7	106492	889468	742000	147468
8	93840	983308	848000	135308
9	72075	1055383	954000	101383
10	66404	1121787	1060000	61787
11	62237	1184024	1166000	18024
12	87974	1271998	1272000	0000

6. Belastung der Wasserstraßen:

Erfolgt im Endausbau ²/₃ der Anfuhr von Reis und Rohreis auf dem Wasserwege, dann werden jährlich mit Kähnen in den Hafen gebracht:

Bei Kahnladungen von i. M. 35 t beträgt der Verkehr in den Binnenschiffskanälen (Klongs) bei 307 Schifffahrtstagen:

Tafel 9: Reisumschlag auf dem Wasserwege 1. Fall

Nähere Bezeichnung	Reismühlenlänge m	Rohreisanfuhr t	Reisanfuhr t	Rohreis- und Reisanfuhr t
Menam-Kai	600	267000	89000	356000
I Süd	1040	462800	154000	616800
II „	740	329300	110000	439300
II Nord	970	431700	144000	575700
zusammen:		1490800	497000	1987800

Tafel 10: Binnenschiffsverkehr im Hafen 1. Fall.

Nähere Bezeichnung	Kähne je Tag	Häufigkeit des Eintreffens der Kähne min.
Menam	33 } 91	6,6
I Süd	58 }	
II „	41	14,6
II Nord	54	11,1

Erfolgt im Endausbau ⁴/₅ der Anfuhr von Reis und Rohreis auf dem Wasserwege, dann werden im Jahre mit Kähnen in den Hafen gebracht:

Tafel 11: Reisumschlag auf dem Wasserwege 2. Fall

Nähere Bezeichnung	Reismühlenlänge m	Rohreisanfuhr t	Reisanfuhr t	Rohreis- und Reisanfuhr t
Menam	600	320000	107000	427000
I Süd	1040	555000	185000	740000
II „	740	395000	132000	527000
II Nord	970	517000	173000	690000
zusammen:		1787000	597000	2384000

Tafel 12: Binnenschiffsverkehr im Hafen 2. Fall.

Nähere Bezeichnug	Kähne je Tag	Häufigkeit des Eintreffens der Kähne min.
Menam	40 } 109	5,5
I Süd	69 }	
II „	49	12,2
II Nord	64	9,4

Für jeden Kahn steht vor der Mühle eine Strecke von etwa 13 m zur Verfügung, wenn die Kähne eines Tages auf Abruf liegen. Die größte Kahnlänge beträgt 15 m. Für je 100000 t Jahresleistung würden mit fünf Agregaten zu je 10 t/Std mittlerer Stundenleistung unter Berücksichtigung der Ausfälle (20 t/Std durchschnittliche Maschinenleistung) alle 42 min ein Kahn geleert. Rechnet man, daß vor jedem Agregat ein Kahn

in Bereitschaft liegt, so werden Liegeplätze für 10 · 15 = 150 m gebraucht, was der Länge einer Mühle zu
10000 0t entspricht. Die Kähne können also hintereinander liegen und werden in 3½ Stunden geleert. Bei der
vollen ungestörten Maschinenleistung dauert das Löschen eines Kahnes 1¾ Stunden. Nach Tabelle 8 beträgt
die größte Monatsausfuhr 1938 rd. das zweifache der mittleren Ausfuhr. Nimmt man eine gleiche Spitzenbelastung bei der Ankunft der Reiskähne an, so müssen die Kähne zweireihig gelegt werden.
    Der Gesamtverkehr in dem Kanal steigt dann, wenn ⅓ (⅘) von Reis und Rohreis auf dem Wasserwege an-
kommen, auf eine Kahnhäufigkeit von 3,3 (2,75) min (Menam-Kai-Kanal und I Süd) bzw. 7,3 (6,1) min (II Süd)
bzw. 5,6 (4,7) min (II Nord). Die Querschnitte der Kanäle sind wegen dieses starken Verkehrs entsprechend
breit ausgebildet worden, vor allem der Kanal für den Menam-Kai und I Süd, der die Hauptbelastung bekommt
(91 (109) Kähne/Tag).
    (Die eingeklammerten Zahlen gelten für den Fall, daß ⅘ von Reis und Rohreis auf dem Wasserwege an-
kommen.)

q) Sonstige Anlagen an seeschifftiefen Kais.

Ergänzt werden die bisher erwähnten Anlagen durch eine Viehumschlagsanlage und eine
Bekohlungsanlage mit den erforderlichen Lagerplätzen, die am östlichen Menam-Kai liegen.

Die Bekohlungsanlage ist erstens für die Versorgung der Schiffahrt gedacht und zweitens
für den allgemeinen öffentlichen Kohlenumschlag, der, da Thailand bislang keine nennenswerten
Kohlengruben besitzt, in Zukunft möglicherweise noch an Umfang zunehmen wird. An der Bekohlungsanlage sollen die Dampfer entweder unmittelbar anlegen, um Kohle zu löschen oder zu
laden oder es soll das Laden von dort aus durch Kohlenbarken, die an die Schiffe, die an den Kais
liegen, heranfahren, erfolgen.

Ein Treibstoffhafen ist nicht vorgesehen, da in unmittelbarer Nähe der neuen Hafenanlagen
bereits ein solcher besteht. Die Versorgung der Seeschiffe mit Treibstoffen erfolgt mit Hilfe von
Tankschiffen.

r) Anlagen am binnenschifftiefen Kai.

Außer den Reismühlen und Reissilos, die sämtlich an den Kanälen liegen, liegen auch die
Speicher und das Kraftwerk an Kanälen. Weiter ist eine Kanalstrecke im Nordosten des endgültigen
Ausbaues für die Ansiedlung der Industrie vorgesehen. Außerdem liegen am binnenschiffstiefen
Wasser der Bootshafen am Westende des Menam-Kai-West, der für die Boote der Zollverwaltung
und der Hafenbehörden gedacht ist, sowie der Bootshafen an der östlichen Spitze des Menam-Kai-
West, der außer Booten der Zoll- und Hafenverwaltung auch anderen Motorbooten Anlegemöglich-
keiten bieten soll.

s) Trockendocks.

Für die beiden Trockendocks ist im endgültigen Ausbau der östlichste Teil des Hafengeländes·
ausgenutzt (Abb. 77). Zunächst soll hiervon nur das kleinere Dock von 190 m Länge und 23 m
Sohlenbreite gebaut werden. Die Oberkante des Drempels liegt auf —9,10 m, bezogen auf MW.
Die Drempeltiefe ist so gewählt, daß bei NTnw (—1,72) noch eine Wassertiefe von 7,38 m vorhanden ist, so daß also Schiffe bis 6,80 m Docktiefgang bei NTnw in das Dock einlaufen können.
Die Docksohle liegt mit Rücksicht auf die Kielstapelhöhe von 1,20 m auf —10,00 m. Desgleichen
erwies sich als notwendig, für Schiffe mit mehr als 6,80 m Tiefgang, die nur bei höheren Wasserständen in das Dock einlaufen können, die Sohle am Dockeinlauf ebenfalls auf —10,00 m zu legen,
und zwar weil bei größeren Wartezeiten die Möglichkeit besteht, daß sonst ein solches Schiff bei
NTnw auf dem Grund aufsitzt.

An der rechten Einfahrt in das Dock ist eine Anlegestelle für ein 160 m-Schiff vorgesehen.
Diese Anlegestelle liegt schräg zur Dockachse und springt um 25 m hinter die eigentliche Dockeinfahrt zurück. Diese 25 m waren erforderlich, um genügend Raum zum Aufstellen des aus-
geschwommenen Dockschwimmtores (25 m Länge) zu gewinnen.

Die lichte Weite der eigentlichen Dockeinfahrt beträgt 23 m (Abb. 78). Der Querschnitt hat
schräge Seitenwände, die von zwei senkrechten Pfeilern unterbrochen werden.

Parallel zu diesem kleinen Trockendock ist noch ein großes Trockendock geplant, das vorerst
mit einer Sohlenlänge von 250 m, einer Sohlenbreite von 28 m und einer Sohlhöhe auf —12 m
eingetragen ist. Beide Docks sind getrennt durch eine 90 m breite Landzunge, die mit einem
Schuppen (26 · 100 m), mit Gleisen für Eisenbahn und Krane, Straßenanschluß und Lagerplätzen
ausgerüstet ist. Ebenso liegen auf den beiden Außenkais der Docks Lagerplätze mit Eisenbahn-
und Straßenanschluß und Krangleisen für die Ausrüstungskrane. Die vor den Docks befindlichen
Kais sind auch als Ausrüstungskais gedacht. Das vorerst in Bau genommene kleine Dock ist ausgerüstet mit Volltorkranen von 15 t Tragfähigkeit am Westkai und 20 t am Ostkai vor dem
Schuppen. Die genannten Krane haben eine größte Ausladung von 19 bzw. 22 m. Aus Zweck-
mäßigkeitsgründen wurde der Kran am Ostkai, da zwischen Dock und Schuppen arbeitend, mit
größerem Tragvermögen und größerer Reichweite ausgestattet.

Jedes Dock wird mit einem eigenen Pumpwerk ausgerüstet. Die Sohle erhält parallel zur Dockachse zwei Entwässerungsgräben mit Gefälle nach dem Pumpwerk hin. Von einer Zusammenlegung der beiden Pumpwerke zu einer gemeinsamen in der Mitte liegenden Anlage wurde wegen der dann vorhandenen langen Wasserwege abgesehen. Der Schuppen ist jedoch so gelegt, daß er die beiden Docks bedienen kann. Die Lagerplatzfläche für das kleine Dock beträgt ~ 1 ha, für das große ~ 1,15 ha, zusammen 2,15 ha.

t) Siedlungsgebiet.

Dasjenige Hafengelände, welches nicht unmittelbar für die eigentlichen Hafenanlagen günstig ausnutzbar erschien, ist in Siedlungen aufgeteilt worden. Eine Siedlung im Nordwesten enthält, außer den Zollverwaltungsgebäuden, Gelände für die Wohnungen von Zolloffizieren und Zollmannschaften sowie Siedlungsgelände für das im Hafen beschäftigte Personal. Das im Osten gelegene Gelände kann für den gleichen Zweck verwendet werden. Das Gebiet in der Nähe des Hospitals soll in erster Linie als Wohnviertel für das Quarantänepersonal dienen. Außer diesen geschlossenen Wohngebieten befinden sich im Hafen verstreut Verwaltungsgebäude für die Polizei und die Hafenbehörden, ferner sanitäre Anlagen (Aborte, Müllkästen) und im Lageplan nicht besonders gekennzeichnete Gebäude, die als Verpflegungshallen für das Hafenpersonal sowie aus anderen zwingenden Gründen erbaut werden müssen.

Es ist zwischen den Verschneidungen von Straßen, Eisenbahnen und Kaikanten insbesondere vor Kopf der Hafenbecken und Hafenzungen Gelände vorhanden, das für eigentliche Hafenzwecke nicht gut ausgenutzt

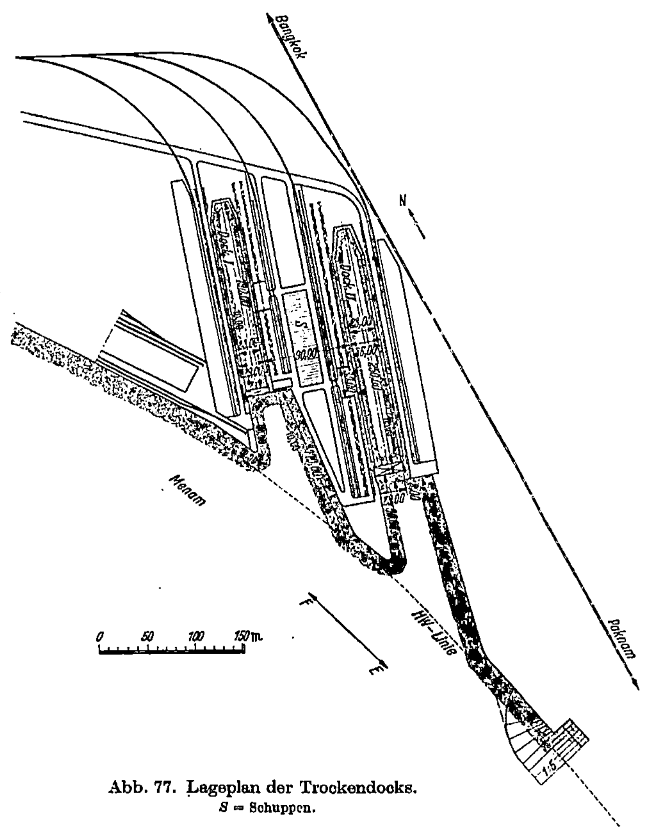

Abb. 77. Lageplan der Trockendocks.
S = Schuppen.

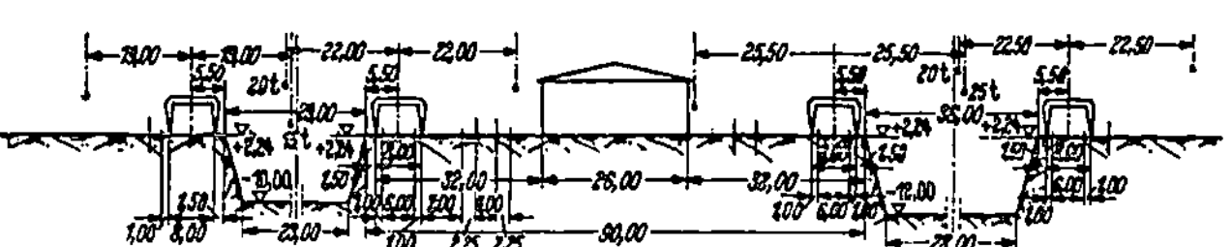

Abb. 78. Querschnitt durch die Trockendocks.

werden kann, jedoch zur Errichtung solcher Gebäude sehr geeignet erscheint. Ein Teil dieses Geländes ist durch Parkplätze für Personen- und vor allem Lastkraftwagen in Anspruch genommen. Es ist besonderer Wert darauf gelegt worden, daß dem Lastkraftwagenverkehr, dessen Umfang immer mehr wächst, genügend breite Verkehrswege zur Verfügung gestellt und Parkplätze so angeordnet werden, daß keine allzu großen Entfernungen zwischen Parkplätzen und Umschlagstellen überwunden werden müssen.

u) Versorgungsleitungen.

Der Hafen muß versorgt werden mit Gas, Wasser, Elektrizität, Fernsprechleitungen und Feuerschutzanlagen. Außerdem muß eine Straßenentwässerung für die starken Niederschläge sowie für Abwässer geschaffen werden. Diese Leitungen werden in üblicher Weise im Straßenquerschnitt untergebracht. Die Abwasserleitungen sind auf natürliches Gefälle angewiesen und daher abhängig von der Lage der Straßenoberkante zu dem Wasserspiegel im Hafen.

v) Einzelbauwerke des ersten Ausbaues.

Für den bisher ausgeschriebenen Teil des ersten Ausbaues sind die Einzelbauwerke bereits entworfen und in der Ausführung begriffen. Mit Rücksicht auf den gleichmäßig anstehenden Tonboden, der in seinen oberen Schichten als ausgesprochen schlechter Baugrund bezeichnet werden muß (Abb. 79), hat die Lösung der Frage nach einer wirtschaftlichen und technisch einwandfreien Uferbegrenzung erhebliche Schwierigkeiten bereitet. Die gewählten Pfahlrostbauwerke passen sich dem Verhalten des Bodens, der zu sehr langsamen und großen Bewegungen neigt, an. Zur Entlastung des Wasserdruckes auf diese Bauwerke sind in je etwa 60 m Abstand Entwässerungsrohre eingebaut, die einen Überdruck des Wassers auf die Mauer verhindern. Die Ausflußöffnungen der Straßenentwässerung sind durch die Vorderkante der Mauer geführt. Die Gründung der Kaischuppen schließt sich so an die Kaimauern an, daß auch dadurch eine weitere Entlastung der Mauer vom Erddruck erreicht wird.

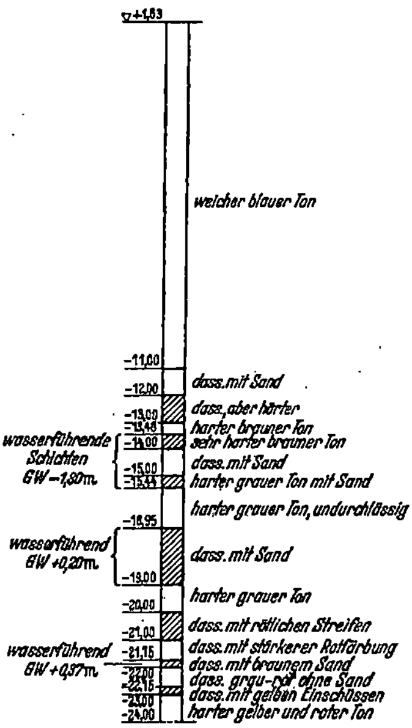

Die bisher entworfenen Gründungsbauwerke weisen ziemlich deutlich die Richtung auf, in der sich auch die zukünftigen Gründungsentwürfe halten müssen. Der Pfahlrost wird bei allen Bauwerken, die eine stärkere Belastung des Bodens hervorrufen und keinen allzu starken Setzungen ausgeliefert sein dürfen, wiederkehren. Eine Ausnahme machen tiefe Bauwerke wie das Dock wo eine besondere Konstruktion gefunden worden ist. Da der Pfahlrost aus einheimischen Baustoffen hergestellt werden kann, ist seine Anwendung auch aus volkswirtschaftlichen Gründen gegeben. Für die Aufbauten aus Eisenbeton steht ebenfalls im Lande hergestellter Zement zu Verfügung.

w) Umfang der Hafenanlagen.

Die nutzbaren Uferlängen, Wasserflächen und die Aushubmassen für den ersten und den endgültigen Ausbau gehen aus der Tafel 13 hervor.

x) Bauprogramm.

In der Abb. 80 ist das voraussichtliche Bauprogramm für den Hafen Bangkok einschließlich der Regulierung des Menam-Stromes gegeben, wie es sich nach den bisherigen Arbeiten ergibt. Von den eingetragenen Arbeiten ist der erste Ausbau der Kaimauer bereits im Gange. Mit den Schuppenbauten kann begonnen werden, sobald etwa ein Drittel der Mauer einschließlich der Schuppenböden und der Flurs erstellt sind.

Abb. 79. Bohrprofil im Hafengelände.

y) Zusammenfassung.

Die Gründe für den unterschiedlichen Ausbau des Seehafens Bangkok, der jetzt ausgeführt wird, gegenüber dem Bericht der Sachverständigen des Völkerbundes sind folgende:

Bei einem Ausbau einer nur 500 m langen, am Menam gelegenen Kaistrecke mit nur einem Stückgutschuppen, einem Reisschuppen, einer Reismühle und einem Speicher, wie ihn dieser Bericht empfahl, konnte niemals der erste Bedarf an Hafeneinrichtungen für den vorhandenen Umfang an Ein- und Ausfuhr in Bangkok gedeckt werden. Es hätte dann der heutige, mißliche Zustand der zerrissenen, damit unübersichtlichen und schwer zu überwachenden alten Hafenanlagen für eine ganze Reihe von Jahren mit in den neuen Hafenbetrieb hineingenommen werden müssen.

Es mußte also Vorsorge getroffen werden für:

a) genügend Stapelraum für zu ladende und entladende Güter und für Dauerlagerung von Einfuhrgütern für 6 Monate bis 1 Jahr;

hierfür waren notwendig:

2 Stückgutschuppen von 300 m Länge und 40 m Breite,
1 zwei- bzw. dreistöckiger Speicher von 120 m Länge und 25 m Breite;

b) eine Reismühle von 500 t Tagesleistung mit den dazugehörigen Siloanlagen, einem Reislagerschuppen von 300 m Länge und 32 m Breite, und einem Rohreislager;

c) die Anlagen für den Schwerlastgüterumschlag mit Stapelplatz von 150 m Länge und 32 m Breite;

d) die Abfertigungsanlage für die sehr hohe Zahl von Ein- und Auswanderern mit den dazugehörigen vorläufigen Quarantäne- und Hospitalbaracken in einer Gesamtlänge von 300 m;

e) ein Bootshafen für die Verwaltungsfahrzeuge;

f) eine landwärts gelegene Wasserstraßenverbindung für Binnenwasserfahrzeuge zur Reismühle und zum Speicher;

g) ein Trockendock, in dem das Regelfrachtschiff des Weltverkehrs gedockt werden kann.

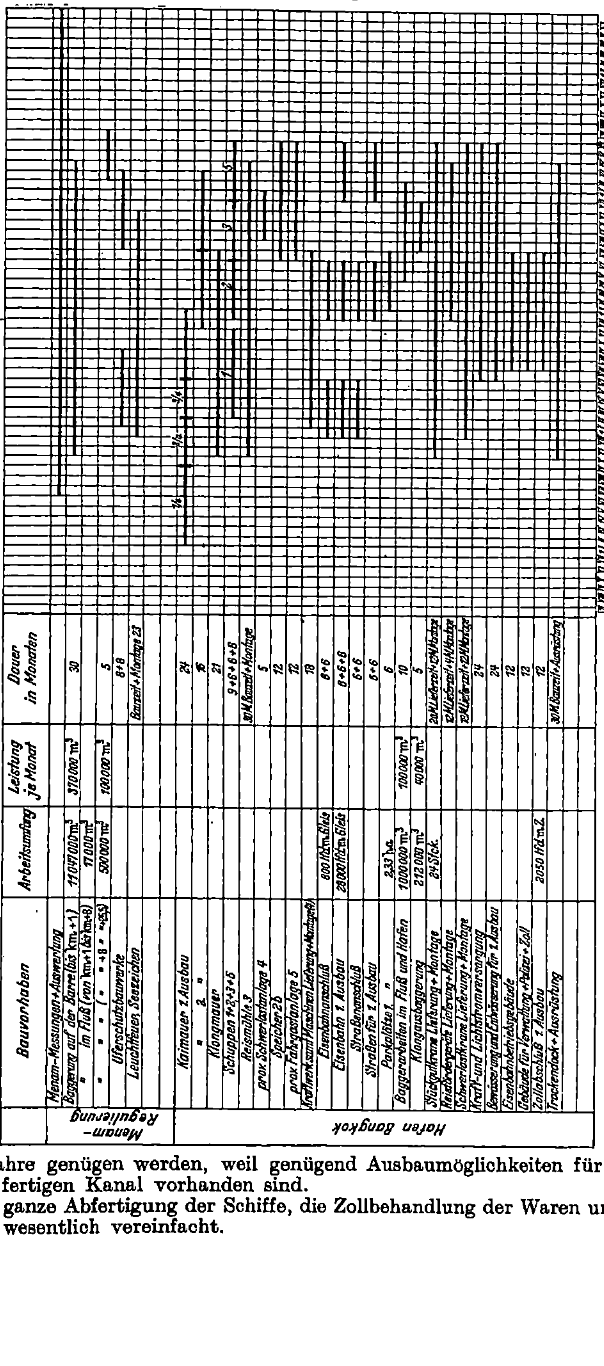

Somit kam man von vornherein zu einer Gesamtkailänge am Menam von rd. 1500 m Länge, die den großen Vorteil einer in sich geschlossenen Anlage aufweist und sich in der Herstellung, auf die Einheit umgerechnet, wesentlich billiger stellte als der schrittweise Ausbau mit seinen betrieblichen Nachteilen.

Es war so der Vorteil ausnutzbar, Hafenanlagen von vornherein zur Verfügung zu haben, die dem Verkehr voraussichtlich für die ersten 10 Jahre genügen werden, weil genügend Ausbaumöglichkeiten für Reismühlen und Speicher am fertigen Kanal vorhanden sind.

Des ferneren wurde die ganze Abfertigung der Schiffe, die Zollbehandlung der Waren und die Überwachung des Hafens wesentlich vereinfacht.

Abb. 80. Vorläufiges Bauprogramm für die Arbeiten des Hafenausbaues und der Menamregulierung bei Beginn der Arbeiten im Jahre 1939. (Durch den Ausbruch des Krieges ist eine Durchführung aller Arbeiten im ursprünglich vorgesehenen Zeitmaß nicht möglich.)

Tafel 13: Hauptmaße des Hafens.

Sachangabe	Nähere Bezeichnung	Abmessung
	I. Nutzbare Uferlängen	
A. Seeschifftiefes Ufer	1. Ausbau Endausbau	1650 m 7160 m
B. Klong	1. Ausbau Endausbau	500 m 6500 m
	II. Nutzbare Wasserflächen	
A. Seeschifftiefe Hafenwasser- flächen . . . . , ...	1. Ausbau (nutzbare Menam-Wasserfläche): a) Baggerziel —9,50 b) Baggerziel —11,50 (mit 250 m nutzbarer Sohlbreite) Endausbau: Nutzbare Menam-Wasserfläche im Hafengebiet Hafenbecken und Zufahrten	 38 ha 47 ha . 63 ha 36 ha
B. Wasserflächen an den Dock- vorhäfen.	1. Kleines Dock 2. Großes Dock	0,67 ha 0,95 ha
C. Klongwasserflächen	1. Ausbau davon bei NTnw nutzbar Endausbau	4,9 ha 2,4 ha 15,8 ha
D. Bootshafenwasserflächen. .	Westlicher Bootshafen Östlicher Bootshafen	0,28 ha 0,14 ha
	III. Aushubmassen	
A. Aushubmassen im seeschiff- tiefen Gebiet vom westlichen Bootshafen bis einschl. Docks	1. Ausbau: Ausbauziel vor den Kajen —9,50 und Einfahrt zum kleinen Dock —10,0 Ausbauziel vor den Kajen —11,5, 250 m nutzbare Breite und Sohle der Einfahrt zum kleinen Dock —10,0 Endausbau: a) Beckenaushub α) Ausbauziel — 9,50 β) Ausbauziel —11,50 b) Einfahrt zum großen Dock	 1 000 000 m³ 2 100 000 m³ 3 820 000 m³ 4 540 000 m³ 130 000 m³
B. Aushubmassen der Klongs	1. Ausbau Endausbau	212 000 m³ 710 000 m³
C. Gesamter Aushub bei Endausbau rund		7,5 Mill.

7. Die Regulierung des Chow Phraya Flusses (Menam) und die Durchbaggerung der Barre mit Hauptkanal.

Da im Gegensatz zu europäischen Verhältnissen irgendwelche Unterlagen über Gezeitenverlauf, Wasserstandsverhältnisse, Strömungsverhältnisse, genaue Wassertiefen im Menam und seinem Mündungsgebiet, Salzgehalt, Sinkstoffgehalt, Wassertemperaturen, Bodenverhältnisse usw. nicht vorhanden waren, mußten die Vorarbeiten möglichst bald in Angriff genommen werden, um die derzeitigen natürlichen Verhältnisse im Menam und seinem Mündungsgebiet wenigstens annähernd festzustellen.

Der große Nachteil lag nun darin, daß für diese Vorarbeiten praktisch nur 12 Monate zur Verfügung standen, von denen rd. 6 Monate für den Bau der Vermessungsfahrzeuge und Beschaffung der erforderlichen Meßgeräte benötigt wurden. Praktisch wurde dann auch erst im Mai 1939 mit den Messungen begonnen.

Verwendet wurden: drei Peilboote der Elsflether Werft (Abb. 81) von 17,60 m Länge über alles, 4,27 m Breite, 1,00 m Tiefgang, 9,6 Sm/Stde Geschwindigkeit, mit eingebautem Echolot und Echograph der Atlas-Werke Bremen für geringe Wassertiefen bis 30 m, je einem Potomac-Flügel der Firma A. Ott, Kempten, je einem Bodengreifer der Firma Hayen, Wilhelmshaven, je einem Wasserschöpfer mit Thermometer der Firma Schweder, Kiel, ferner 9 Stück kleinere Flügel „Sonas" der Firma A. Ott, Kempten und 24 Stück selbstschreibende Pegel der Firma A. Ott, Kempten.

Zur Einarbeitung für die mit den obigen Apparaten vorzunehmenden Messungen wurden auf meinen Vorschlag hin Commander Luang Subhi Udokadhar und Senior Lieutenant Sanid *Mahakita* auf rd. 3 Monate nach Deutschland gesandt. Dank des Entgegenkommens der zuständigen deutschen Regierungsstellen erhielten sie bei den Meßarbeiten für die Landgewinnungsarbeiten an der Westküste Schleswig-Holsteins, bei den Strombauarbeiten an der Unterweser und vor der Jade den erforderlichen Ein- und Überblick. Über den Bau und die Unterhaltung der Apparate wurden sie bei den Firmen Atlas-Werke Bremen und A. Ott, Kempten, unterrichtet.

Als erste Maßnahmen wurden dann die erforderlichen Absteckungen und Einmessungen der Meßprofile (Abb. 82), die Kilometrierung im Menam und Mündungsgebiet und die Aufstellung der Schreibpegel durchgeführt.

Die gesamten Meßarbeiten wurden dann in dem nachstehenden Arbeitsprogramm festgelegt, wobei es vorbehalten bleiben muß, Vereinfachungen aus dem Zwang der Verhältnisse heraus vorzunehmen (Tafel 14).

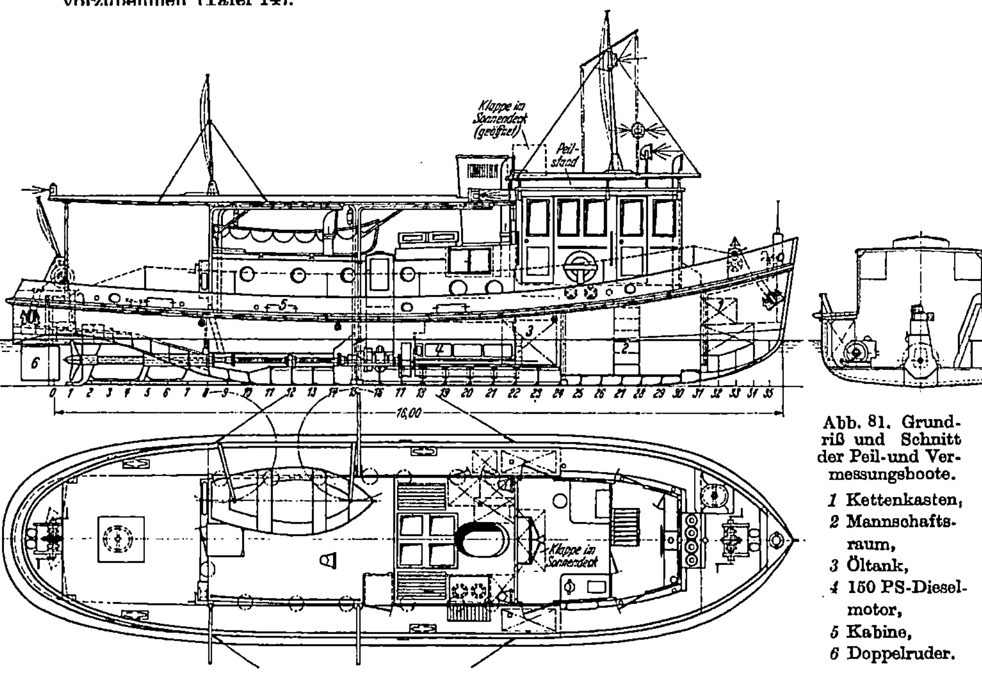

Abb. 81. Grundriß und Schnitt der Peil-und Vermessungsboote.

1 Kettenkasten,
2 Mannschaftsraum,
3 Öltank,
4 150 PS-Dieselmotor,
5 Kabine,
6 Doppelruder.

Es gelang bis zum Eintreffen des Saugbaggers mit Hopperraum und auswechselbarem Schneidkopf der Firma Gusto, Schiedam, im Oktober 1939 die erforderlichen Strömungs-, Gezeiten- und Tiefenmessungen soweit voranzubringen, daß Mitte November 1939 mit den eigentlichen Baggerarbeiten begonnen werden konnte.

Der Saugbagger hat folgende Abmessungen:

77,75 m Länge über alles,
13   m Breite,
4,40 m Tiefgang, beladen,
10 Sm/Std Geschwindigkeit,
4000 PS Maschinenleistung,
1000 m³ Hopperrauminhalt,
1500 m³ Stundenleistung,
10 m größte Baggertiefe.

Betrachtet man den derzeitigen Zustand des Menams und seiner Mündung (Abb. 82—85), so erkennt man, daß im Menam selbst bei Bangkok bis Paknam genügende Breiten von rd. 200 bis 300 m bis —9 m, dem Ziel des ersten Ausbauprogramms wenn auch mit einer starken Krümmung von rd. 1000 m Halbmesser vorhanden sind. An der Krümmung vor Paknam sind Ufersicherungsarbeiten vorzusehen, um die Gefahr des weiteren Auswaschens des einbuchtenden Ufers zu verhindern. Das Gleiche wird an der größeren Krümmung bei Paknam notwendig werden. Erst bei Paknam sind zwei Strekken mit —7 bis —8 m Tiefe vorhanden, die durch Baggerung vertieft werden müssen.

Der Menam zeigt den typischen mäanderartigen Verlauf von sinkstoffführenden Flachlandflüssen mit nicht sehr großer Strömungsgeschwindigkeit. Infolge der plötzlichen Verbreiterung an der Mündung setzt sich hier der Sinkstoffgehalt des Flusses ab und füllt dieses Gebiet immer mehr und mehr auf. Wie aus Abb. 82 und 84 hervorgeht, fällt ein Teil des Mündungsgebietes bei sehr niedrigen Wasserständen trocken. Im allgemeinen betragen die Wassertiefen in der Hauptstromrinne nur 4—5 m bei MThw (Abb. 83). Die westliche Rinne fällt bei außergewöhnlichen niedrigen Wasserständen bereits trocken, während die östliche nur noch Wassertiefen für kleine Segelfahrzeuge aufweist. Aber auch hier ist die Neigung für allmähliche Auffüllung bereits festzustellen.

Auch der Lauf des Hauptarms ist in den Tiefenkarten nur schwach zu erkennen und zeigt schon an verschiedenen Stellen den Mäanderansatz mit der Neigung, immer mehr nach Osten vorzudringen. Durch diese Rinne geht nur der kleinere Teil der Ebbewassermengen während der größte Teil über die östlichen Sände abfließt.

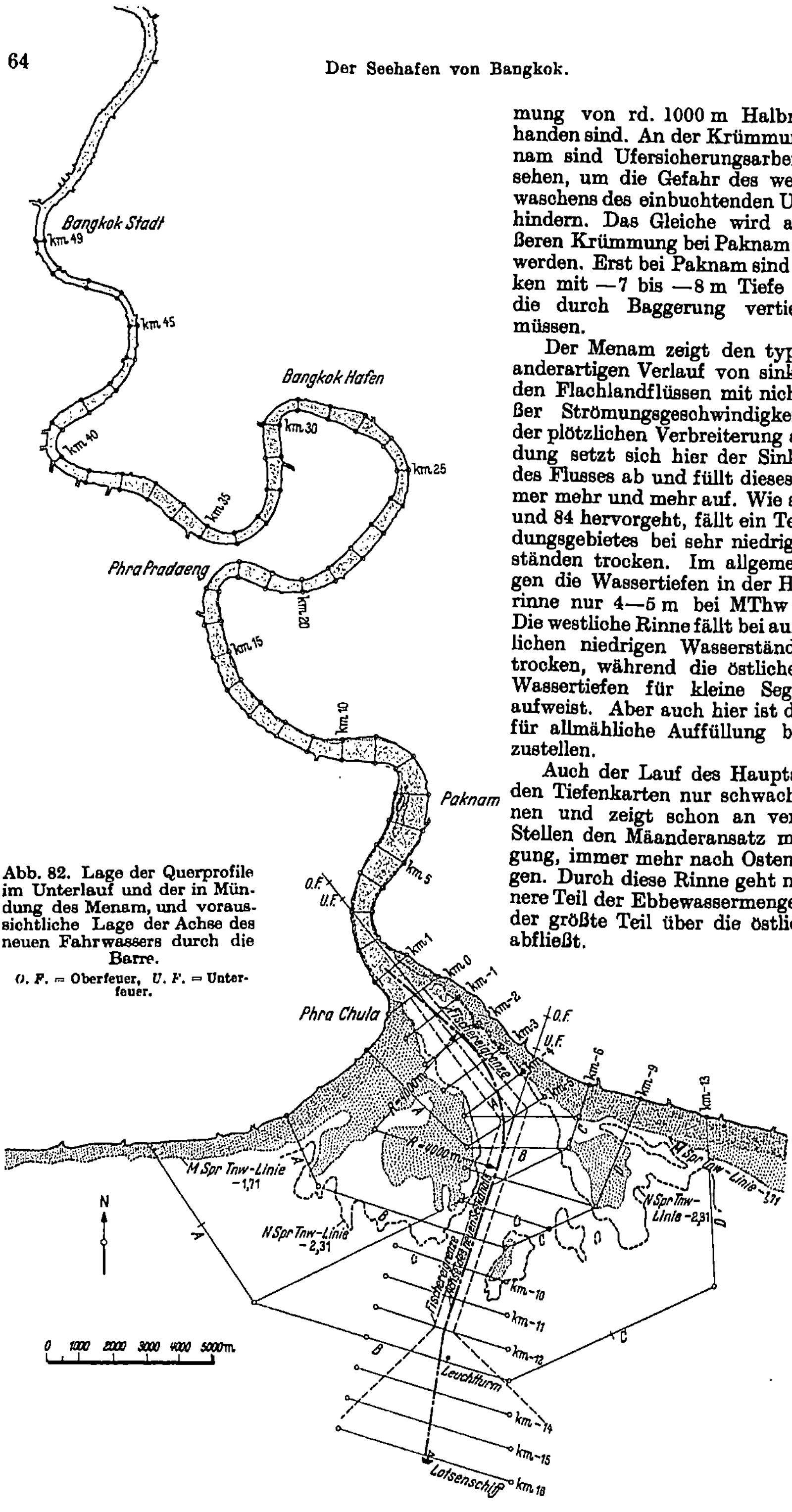

Abb. 82. Lage der Querprofile im Unterlauf und der in Mündung des Menam, und voraussichtliche Lage der Achse des neuen Fahrwassers durch die Barre.
O. F. = Oberfeuer, U. F. = Unterfeuer.

Tafel 14. Vorarbeiten für die Menamregulierung.

Messung	Häufigkeit	Termin	Uhrzeit	Ort – Name	Ort – km	Meßpunkt	Instrument – Art	Instrument – Zahl	Auftragung	Bemerkung
Luft Temperatur . .	dauernd	siebenmal täglich	8—20 alle2Stunden	Bangkok		Nordwand 1 m über Boden	Luftthermometer im Schutz- gehäuse		Tabelle: Zeit, Temperaturgrad	} zusammen auf 1 Tabelle
Druck	„	„	„ 9	„ ,		1—1,5 m über Bo- den	Quecksilberbaro- meter		Tabelle: Zeit, Druckin mmHg	
Niederschlag .	„	einmal täglich					Einfacher Nieder- schlagsmesser		Tabelle: Zeit, mm Wasserhöhe	
Windrichtung, Windstärke .	„	siebenmal täglich	6—18 alle2Stunden	„		10—20 m überBo- den	Windfahne, Ane- mometer		Tabelle: Zeit, Windrichtung, Windgeschwin- digkeit	
Wasser Wasserstand.	dauernd	stets	stets	Wat Dha Had	253	Ufer, Aufstellung in geschützter Lage gegen Wel- len und Wind Einnivellierung, Einmessung in das trigonome- trische Netz	Lattenpegel	1	Ablesung einmal täglich	Je 1 Schreibpegel eingebaut mit 1 Lattenpegel zur Kontrolle
				Flutgrenze (15 km unter- halb Ang Dhong)	142		Schreib- und Lattenpegel	1	Wasserstands- kurven, Zeit, Wasserstand	Bei km 49 steht bereits ein Schreibpegel
				Ayuthia	109		„	1	Lattenpegel in Tabelle	
				Sena	101		„	1	Ablesung tagsüber zeitweise stünd- lich zur Kon- trolle und bei Versagen des Schreibpegels	
				Bang Sai	83		„	1		
				Bangkok (Hafen)	28		„	1		
				Phra Pradaeng	18		„	1		
				Paknam	6,5		„	1		
				Phra Chula	0		„	1		
				Leuchtturm	—13		„	1		
				Koh Rad	—		„	2		1 Schreib- u. Lat- tenpegel einge- baut in Reserve
				Singora	—		„	2		
				Koh-Sichang	—		„	2		„
				Koh Pai	—		„ .	2		„ .
				Koh Pra	—		„	2		„
Flußquerschnitt (Kontrollmes- sung)	periodisch	einmal jähr- lich im Mai, (1 Monat nach NW)		Wat Dha Had	253	Kontinuierliche Festlegung der Bezugslinie am Ufer durch Po- lygonzug Im Watt Einmes- sen durch Theo- dolith, Kenn- zeichnungdurch Pricken und Bojen	Peilgerät (Peil- stange, Peilleine		Tabelle:ProfilNr. Abstand vonder Null-Linie Wassertiefe (auto- matisch durch Echograf), Zeit Hilfswerte: Wasserstände am nächstgelegenen Pegel Zeichnungen : Peilquerschnitte Tiefenplan	
				Ang Dhong	142					
				Ayuthia	109					
				Sena	101					
				Bang Sai	83					
				Bangkok	28		Peilboote mit Echolot und Echograf 46 Profile Kontrolle durch gelegentliche Handpeilungen Uferanschluß durch Handpel- lung	3		
				↓	vonkm28 bis km18 alle km					
				Phra Pradaeng	18					
				↓	vonkm18 biskm6,5 alle km					
				Paknam	6,5					
				↓	von km 6,5 bis km 0 alle km					
				Phra Chula	0					
				↓	vonkm0 bis km —16 alle km					
Flußquerschnitt (Hauptmessung)	periodisch	einmaljähr- lich im No- vemberund Dezember		Bangkok	28	wie Kontrollmes- sung	Peilboote insgesamt: 345 Profile Bangkok-Paknam 215 Profile Paknam-Lotsen- schiff: 130 Profile	3	wie Kontrollmes- sung	ab km —6 nur Hauptkanal
				↓	alle100m					
				Phra Chula	0					
				↓	alle250m					
				Lotsenschiff	—16					

(Fortsetzung Tabelle 14)

Messung	Häufigkeit	Termin	Uhrzeit	Ort		Meßpunkt	Instrument		Auftragung	Bemerkung
				Name	km		Art	Zahl		
Strömung	periodisch	April (Trockenzeit) Oktober (Regenzeit) wöchentlich ein Tag 1.Viertel Vollmond Spielraum 3 Tage	Beginn: NW vor dem höheren HW, +2 Std. +4 Std. HWSt +2 Stunden (= 7 Std. n. Beg.)HWSt NWSt +2 = (12½ St. n. Beginn) NWSt +4 (+14½) HWSt +2 (+20) HWSt +4 (+22)	Ayuthia Bangkok Paknam Leuchtturm	109 28 17 6,5 1 —4A —9C —9B —13B	3 Meß-Lotrechten über die Breite: Anordnung der Meßpunkte einer Lotrechten: mindestens 0,30 unter Wasserspiegel halbe Tiefe mindestens 0,80 m über Sohle Abstand der Meßpunkte mindestens 0,50 m	Sonas-Meßflügel 12 kg (Binnengebiet auf Meßflößen oder kleinen Booten) Sonas-Meßflügel 25 kg 2 Profile (Unterlauf) (auf Meßflößen oder kleinen Booten) Potomacflügel auf den Peilbooten	7 2 3	Tabelle: Ort, Meßpunkt, Tiefe, Zeit, Ablesung, Bootsrichtung Hilfswerte: Wasserstand Auftragung: Diagramme der Lotrechten Querprofil mit V_m und V_m'-Linie Q_m und V_m-Werte über die Tide Auftragung Potomac automatisch	Dauer einer Messung rd. 20 Stunden St = Stauwasser
Strömung (ablaufend)	periodisch	Januar Juli	Beginn nach Möglichkeit nach dem höheren HW Messungen bei Tageslicht NWSt—3 bis NWSt HWSt +2 bis NWSt—1 NWSt—3 bis NWSt HWSt +2 bis NWSt—1 NWSt—3 bis NWSt	Außenmündung Golf von Siam Barre 	—4A —6B —6B —9B —9B	10 Meßlotrechte im Abstand von mindestens 100 m über die Rinne.	Schwimmer mit verstellbarer Stange bei niedrigen Wasserständen. Blechbüchsen auf flachen Stellen Verfolgung der Schwimmer mit Motorbooten, soweit die Peilboote nicht zur Verfügung stehen		Zurückgelegter Weg auf der Seekarte mit Zeitangabe. Nach Bedarf wird ein Zwischenpunkt abgelesen Ortsbestimmung der Schwimmer durch Anpeilen von Uferwarten. Auswertg. nach d. Zeit b. geschlossenen Profilen: Geschwindigkeit Wasserstand Wassertiefe Querschnitt Q_m- und V_m-Werte über die Tide	An jedem Tag kann nur eine Messung vorgenommen werden. Gesamtzeitverbrauch: 6 Messungen = 6 Tage St = Stauwasser
Strömung (auflaufend)	periodisch	wie vor	NWSt +1 bis HSWt—1 " " " NWSt +1 bis HWSt—1 HWSt—3 bis NWSt	Barre	—13A —13B —13C —13D —9B —9B	wie vor	wie vor		wie vor	Gesamtzeitverbrauch: 7 Messungen = 7 Tage
Temperatur	periodisch	wie Strömung (Meßflügel) wird gleichzeitig mit den Strömungsmessungen ausgeführt	wie Strömung (Meßflügel)	Ayuthia Bangkok Paknam Leuchtturm	109 28 17 6,5 1 —4A —9C —9B —13B	wie Strömung	horizontale Wasserschöpfer nach Wohlenberg u. Schweder mit Umkippthermometer	15	Tabelle: Ablesung Thermometer, Nummer der Wasserprobe Auftragung: Diagramme der Lotrechten wie vor, gegebenenfalls Ermittlung und Auftragung von Mittelwerten über dem Profil. Verteilung der Temp.-Werte über die Tide.	Im Unterlauf je zwei Schöpfer auf einem Boot, davon eine in Reserve
Salz- u. Schwebestoffgehalt	periodisch	wie Temperatur	wie Temperatur	Wasserproben aus den gleichen Punkten wie Temperatur	wie vor	wie Temperatur	wie vor		Nummerierung der Proben, Analyse im Laboratorium durch Refraktometer, Zentrifuge und Trockenschrank	
Wassermenge	periodisch	wie Strömung (Meßflügel)	wie Strömung (Meßflügel)	wie Strömung (Meßflügel)	wie vor	wie Strömung	wie Strömung		Berechnung aus den Strömungsmessungen	
Boden Beschaffenheit der Flußsohle	periodisch	einmal jährl. gleichzeitig mit den Flügelmessungen bzw nach den Flügelmessungen		Phra Chula Leuchtturm Lotsenschiff	+0 —6B —9B —13B —16	Entnahme aus 1 bis 2 Punkten des Profils entsprechend der Gestalt und Breite des Profils Entnahmestellen soweit möglich in den Meßlotrechten für Flügelmessung	Bodengreifer System Petersen, die auf den Peilbooten untergebracht sind	3	Tabelle: Ort, Meß-Lotrechte, Zeit, Probennummer; Untersuchung der Probe im Labor: Kornzusammensetzung, Raumgewicht, Kornverteilungskurve	

An der Ausmündung der Hauptrinne haben sich Löß und Feinsand in Gestalt der Barre, die etwa 1 m hoch aufragt, abgelagert (Abb. 84 und 85). Dicht vor und hinter der Barre liegt wieder der weichere Schlick

Aus den bisherigen Karten und den Aussagen der Lotsen kann geschlossen werden, daß die Hauptrinne sich langsam ostwärts verschiebt. Das würde mit der nach Südosten gerichteten Ebbeströmung übereinstimmen. Hierüber wird die mit Hilfe der Echolote gewonnene genaue Tiefenkarte uns eine einwandfreie Auskunft geben.

Im weiteren Verlauf der Messungen und Baggerungen wird sich herausstellen, ob ohne Strombauwerke entlang der Hauptrinne die Herstellung und Erhaltung des Schiffahrtskanals nur mit Hilfe der Baggerungen durchgeführt werden kann.

Bei der Menamregulierung und der Durchbaggerung der Barre ist das Ziel durch folgende Bedingungen festgelegt:

1. Den großen Seedampfern des Weltfrachtverkehrs soll der ungehinderte Zugang zum neuen Hafen Bangkok ermöglicht werden. Das erste Ausbauziel ist —7,50 m, d. h. rd. 8,25 m Wassertiefe bei MThw. Das Endziel liegt bei —9 m, d. h. rd. 9,75 m Wassertiefe bei MThw und rd. 8,25 m bei MTnw.

2. Die Sohlenbreite des Unterwasserkanals beträgt anfangs 60 m und soll im Endzustand auf 100 m erweitert werden. Der Kanal soll so angelegt werden, daß er mit möglichst geringen Kosten in der gewünschten Breite und Tiefe freigehalten werden kann.

3. Die Hochwasserstände unterhalb, in und oberhalb Bangkoks dürfen sich des Reisbaues wegen nicht erhöhen.

4. Der Salzgehalt des Menam darf ebenfalls des Reisbaues wegen nicht zunehmen.

Die Gezeitenkurven des Menam und seiner Mündung werden wesentlich durch die stark veränderliche Wasserführung des Flusses (siehe Abschnitt 6c) und durch den Nord-Ost- und Süd-West-Monsun beeinflußt (Abb. 65 und 86). In der Regenzeit ist ein Kentern des Stromes in

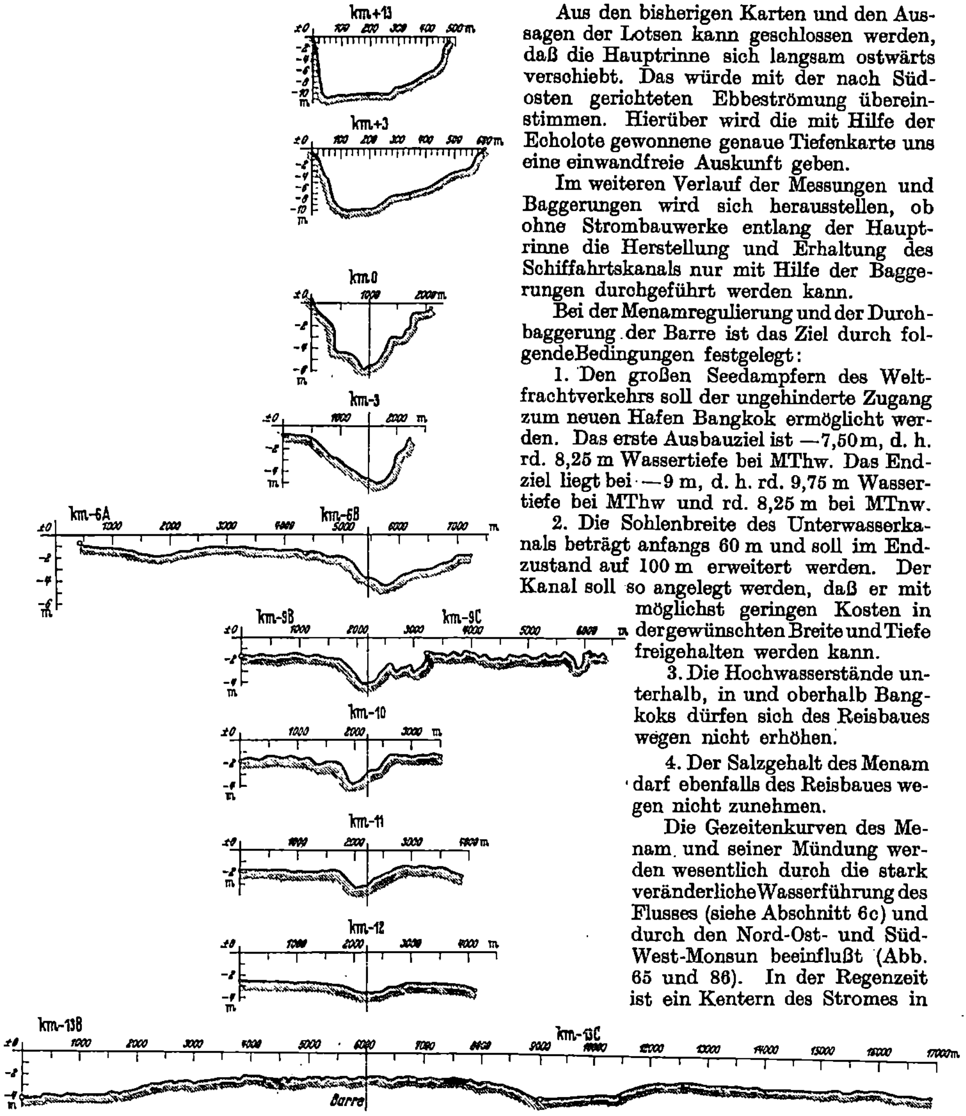

Abb. 83. Querschnitt durch den Unterlauf und die Mündungsbarre des Menam. Lage der Querschnitte und Achse des neuen Seekanals s. Abb. 82.

Bangkok nicht mehr vorhanden. Bisher sind nur die Gezeiten an der Barre beobachtet und vorausberechnet worden (Abb. 62 bis 64). In Bangkok (Abb. 64) wurden gelegentliche Messungen durchgeführt.

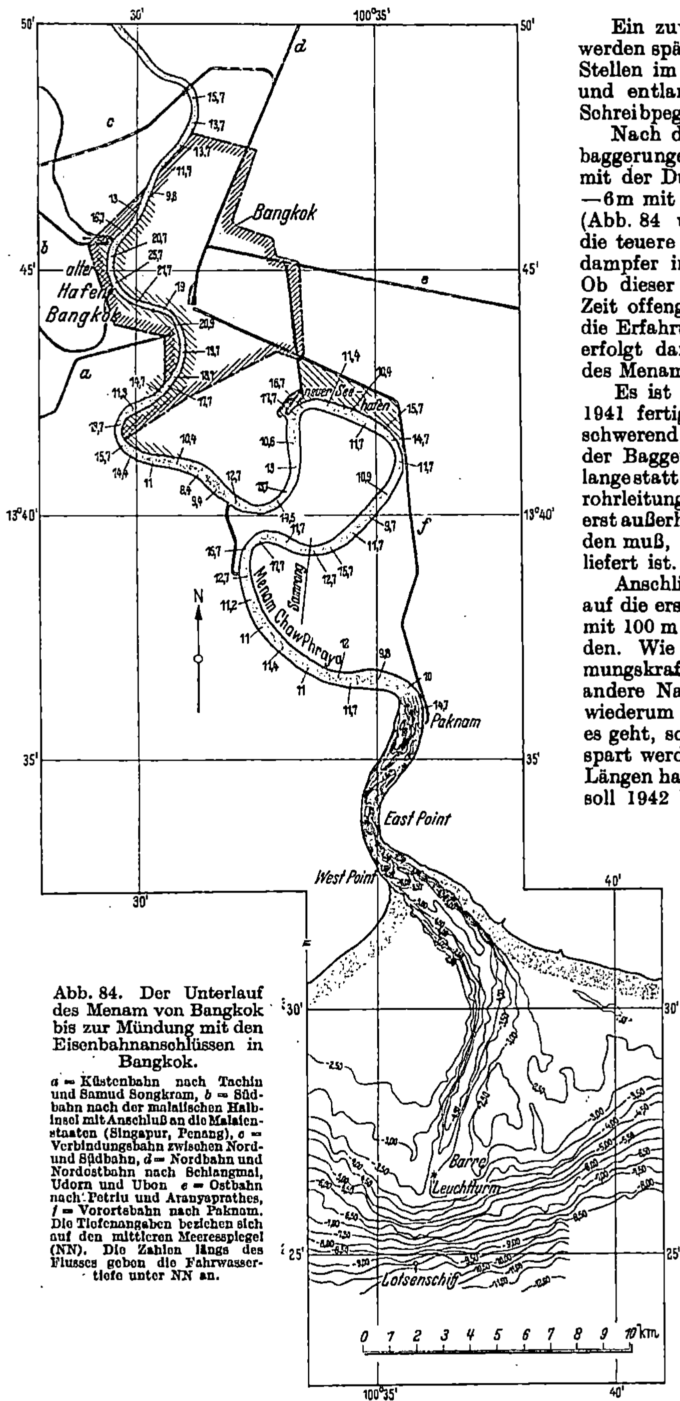

Abb. 84. Der Unterlauf des Menam von Bangkok bis zur Mündung mit den Eisenbahnanschlüssen in Bangkok.

a = Küstenbahn nach Tachin und Samud Songkram, b = Südbahn nach der malaiischen Halbinsel mit Anschluß an die Malaienstaaten (Singapur, Penang), c = Verbindungsbahn zwischen Nord- und Südbahn, d = Nordbahn und Nordostbahn nach Schlangmai, Udorn und Ubon e = Ostbahn nach Petriu und Aranyaprathes, f = Vorortsbahn nach Paknam. Die Tiefenangaben beziehen sich auf den mittleren Meeresspiegel (NN). Die Zahlen längs des Flusses geben die Fahrwassertiefe unter NN an.

Ein zuverlässiges Bild der Gezeiten werden später die an den verschiedenen Stellen im Menam im Mündungsgebiet und entlang der Küste aufgestellten Schreibpegel ergeben.

Nach der Beendigung der Versuchsbaggerungen wurde im Frühjahr 1940 mit der Durchbaggerung der Barre auf —6 m mit 60 m Sohlenbreite begonnen (Abb. 84 und 85), um möglichst bald die teuere Leichterung der großen Seedampfer in Koh-Sichang zu ersparen. Ob dieser schmale Kanal für die erste Zeit offengehalten werden kann, muß die Erfahrung lehren. Die Baggerung erfolgt dann weiter bis zur Mündung des Menam mit einer Ausweichstelle.

Es ist zu hoffen, daß dieser Kanal 1941 fertiggestellt werden kann. Erschwerend kommt allerdings hinzu, daß der Bagger nur eine einseitige 400 m lange statt einer 1000 m langen Schwimmrohrleitung hat, so daß der Boden vorerst außerhalb der Barre verklappt werden muß, bis die lange Leitung angeliefert ist.

Anschließend soll dann der Kanal auf die erste Ausbautiefe von —7,50 m mit 100 m Sohlenbreite gebracht werden. Wie weit Leitdämme die Räumungskraft erhöhen werden, ohne daß andere Nachteile damit eintreten, muß wiederum die Erfahrung lehren. Wenn es geht, sollen diese Kosten vorerst gespart werden, da es sich um erhebliche Längen handelt. Dieser Baggerabschnitt soll 1942 beendet sein.

In der Zwischenzeit soll ein zweiter Bagger die Baggerarbeiten vor der rd. 1500 m langen Kaimauer im Menam durchführen. Auch diese sind wiederum darauf abgestellt, daß die ersten 400 m Kailänge mit Schuppen und Speicher 1941 für den Verkehr freigegeben werden können[1].

Über den Erfolg der Baggerarbeiten und die Ergebnisse der Messungen wird später ausführlich berichtet werden.

<hr>

[1] Nach neueren Nachrichten soll der Hafen Anfang Juni 1941 mit einer Zufahrtsrinne von 5—6 m Tiefe unter NN eröffnet werden.

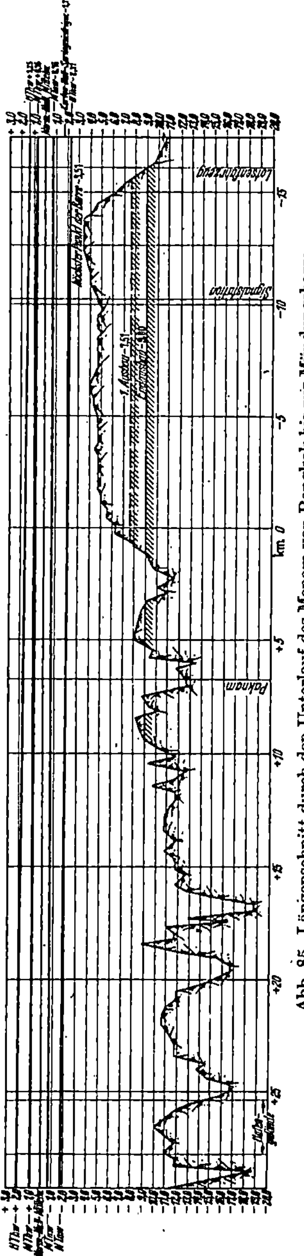

Abb. 85. Längenschnitt durch den Unterlauf des Menam von Bangkok bis zur Mündungsbarre.

8. Das Ausbauprogramm des 1. Ausbaues.

Auf Grund der vorstehenden Überlegungen soll in den Jahren 1938—42 folgendes Ausbauprogramm des ersten Ausbaues für den Hafen zur Durchführung gelangen (Abb. 80):

a) Eine 1500 m lange Kaimauer am Menam mit 9,5 m Wassertiefe bei MTnw.

b) Ein 1000 m langer Kanal hinter dem seeschiffstiefen Kai, entlang der Reismühle und dem Schuppen, mit einer Wassertiefe von 2,75 m bei MTnw und einer Breite von 45 m.

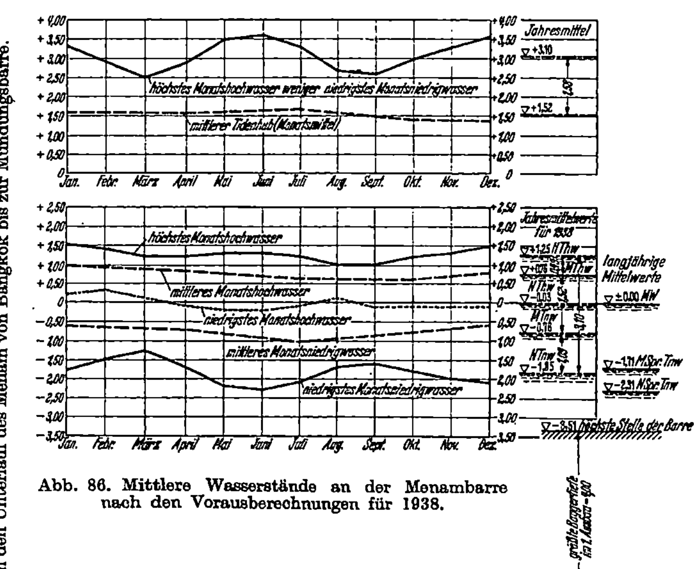

Abb. 86. Mittlere Wasserstände an der Menambarre nach den Vorausberechnungen für 1938.

c) Ein Bootshafen von 100 m Länge, 30 m Breite und 2,25 m Tiefe bei Mnhw. Er liegt stromaufwärts vom Kai.

d) Zwei einstöckige Stückgutschuppen von je 300 m Länge und 40 m Breite.

e) Ein einstöckiger Reisschuppen von 300 m Länge und 32 m Breite.

f) Ein Schwerlastfreiladeplatz von 150 m Länge und 32 m Breite.

g) Eine einstweilige Ein- und Auswandererabfertigungsanlage mit Quarantänestation und Krankenhaus.

h) Eine Reismühle mit 500 t Paddy (Rohreis) Tagesleistung mit Silo von 15000 t Rohreis-Lagerraum.

i) Ein dreistöckiger Schuppen von 120 m Länge und 25 m Breite.

k) Ein Trockendock von 23 m Sohlenbreite, 190 m Nutzlänge und 8 m Wassertiefe über den Kielstapeln bei MTnw (9,70 m bei MThw).

l) Die erforderlichen Straßen- und Eisenbahnanlagen.

m) Die erforderlichen Verwaltungsgebäude für Hafenverwaltung, Zoll und Polizei.

n) Die erforderlichen Krananlagen auf dem Kai.

o) Die elektrischen Kraftanlagen.

p) Die erforderlichen Be- und Entwässerungsanlagen.

Die Gesamtkosten dieses ersten Ausbauprogrammes werden sich auf rd. 20000000 Baht belaufen.

9. Die Bauarbeiten und ihre Organisation.

Mit den Bauarbeiten ist am 1. August 1938 begonnen worden. Die Kaimauer mit den Schuppengrundungen war Ende des Jahres 1939 zu etwa einem Viertel fertiggestellt.

Das Trockendock ist Ende des Jahres 1939 in Angriff genommen. Mit den Hochbauten (Schuppen und Speicher) ist Mitte 1940 begonnen worden und ungefähr gleichzeitig mit ihnen mit den Bodenbewegungen für Straßen- und Eisenbahnanlagen.

Es ist zu erwarten, daß der erste Teil des Bauprogramms trotz des Krieges eingehalten werden kann.

Zur Durchführung dieser umfangreichen Bauarbeiten ist eine besondere Bauabteilung geschaffen worden, die unmittelbar dem Minister untersteht. Alle einschlägigen Fragen des Entwurfes, des Ausbaues, der Ausschreibung und Vergebung werden in einem besonderen Hafenausschuß unter dem Vorsitz des Herrn Wirtschaftsministers beraten.

Die Leitung der Bauabteilung liegt in den Händen des Superintending Engineer Luang Prasert Vithirath, der vorher in der Generaldirektion der Eisenbahnen das Dezernat „Unterhaltung der Bahnen“ (Maintenance Department) unter sich hatte.

In der Bauabteilung werden die generellen Entwürfe aufgestellt und die verschiedenen Bauwerke einschließlich der Konstruktionsentwürfe öffentlich ausgeschrieben. Die Bauarbeiten selbst werden im einzelnen durch Regierungsinspektoren laufend überwacht.

10. Die neue Organisation für den Seehafen Bangkok.

Es ist klar, daß mit der Fertigstellung des Hafens auch eine neue Organisation geschaffen werden muß. Zur Zeit schweben hierüber noch Verhandlungen, sodaß ein abschließender Bericht noch nicht gegeben werden kann. So viel kann aber heute schon gesagt werden, daß die Organisation des Hafens nach europäischem Vorbild aufgebaut werden wird, wobei jedoch die Besonderheiten des Landes und der Regierungsform entsprechend berücksichtigt werden müssen. Obwohl es sich hier um einen Regierungshafen handelt, muß es Grundsatz bleiben, die Hafenverwaltung auch nach privatwirtschaftlichen Gesichtspunkten einzurichten, so daß sie den vielfältigen Fragen eines Welthafens gegenüber beweglich genug bleibt.

11. Die wirtschaftlichen Folgen des Seehafenbaues.

Rufen wir uns kurz das Ergebnis der Abschnitte 1—4 ins Gedächtnis zurück, so haben wir gesehen, daß einmal Thailand mit seinem Ausfuhrhafen Bangkok nicht unmittelbar an den Weltverkehr angeschlossen ist, und daß andererseits die eigentlichen Hafenanlagen in keiner Weise den Ansprüchen eines Welthafens genügen.

Einige Beispiele mögen zeigen, welche Summen im Hafenverkehr durch die neuen Anlagen gespart werden können:

Die Gesamtmenge der eingeführten Güter in den Monaten April—September 1939 (6 Monate) belief sich auf rd. 280000 t. Von diesen mußten 500000 Stück Güter mit rd. 31000 t in Koh-Sichang auf Leichter umgeladen werden.

Bedeutend ungünstiger ist diese Ziffer für Ausfuhrgüter (ebenfalls in den gleichen 6 Monaten des Jahres 1939). In Bangkok wurden in Leichter geladen und nach Koh-Sichang verfrachtet:

Reis und Kleie	482000 t,
andere Güter	13000 t.

In Bangkok wurde direkt ins Seeschiff verladen:

Reis und Kleie	474000 t,
andere Güter	78000 t.

d. i. ein Verhältnis von

$$1 : 1 \text{ für Reis und Kleie, und}$$
$$1 : 6 \text{ für andere Güter.}$$

Die Fracht für die Leichterung Bangkok—Ko-Sichang beträgt:

für Reis und Kleie	im Mittel	2,— Baht je t	
„ Verschiedenes	„	„ 4,75	„
„ Holz	„	„ 6,50	„

für Leichterung Koh-Sichang—Bangkok:

für Einfuhrgüter	im Mittel	4,75 Baht je t

Es mußten also in 6 Monaten des Jahres 1939 für Leichterung gezahlt werden:

für 495000 t Ausfuhrgüter	=	1000000,— Baht
„ 31000 t Einfuhrgüter	=	150000,— „
zusammen		1150000,— Baht.

Man kann also damit rechnen, daß im großen Durchschnitt rd. 2 000 000,— Baht jedes Jahr durch Fortfall der Leichterung erspart werden können, wenn der neue Hafen in Betrieb genommen ist.

Auch die für das Ein- und Ausladen in Anspruch genommene Zeit auf der Reede Koh-Sichang ist beträchtlich.

Die stündliche Leistung für den Umschlag an einem 8000 t-Dampfer beträgt:

Ausladen: Stückgüter = 40 t/je Stunde
Laden: Reis = 50 „
Holz = 30 „

Herrschen starke Winde und Wellengang, sinken diese Leistungen noch erheblich herab.

Sind die neuen Reisumschlaganlagen fertig, können stündlich 200 t Reis mit Hilfe der Krane in Dampfer geladen werden.

Für die Leichterung werden von Schleppern gezogene, hölzerne und stählerne Leichter von 200 t—400 t Ladefähigkeit benutzt. Von Bangkok-Hafen bis Paknam, also stromabwärts kann ein Schlepper bis zu rd. 20 Barken von nicht mehr als 30 t Ladefähigkeit schleppen. Der Verkehr mit Koh-Sichang erfolgt durch Schlepper mit nicht mehr als 2—3 Leichtern von 300 bzw. 400 t Ladefähigkeit.

Auch für Seedampfer, die noch über die Barre bei Thw kommen können, bedeutet das Anlaufen Bangkoks zur Zeit eine erhebliche Fahrtbeschränkung. Schiffe von 3,20 m Tiefgang können während 8—9 Stunden am Tag über die Barre fahren. Schiffe mit Tiefgang bis zu 4 m, die also in Ko-Sichang leichtern, müssen einen ganzen Tag warten, wenn sie nur eine halbe Stunde zu spät an der Barre eintreffen.

Auch bei der Überwachung des Hafens, bei der Zollbehandlung und der Beförderung der Güter werden wesentliche Ersparnisse erzielt werden können, da im neuen Hafen die Wege zwischen Seeschiff am tiefen Kai, Schuppen, Speichern, Eisenbahn und Lastwagen nur gering und entsprechend leistungsfähige Fördergeräte vorhanden sein werden.

Werden aber durch alle diese Maßnahmen die Güter billiger, dann wird dementsprechend der wirtschaftliche Bereich des neuen Seehafens Bangkok größer und damit der Umsatz steigen.

In einer späteren Veröffentlichung werde ich im einzelnen nachweisen, welchen segenspendenden Einfluß der neue Seehafen Bangkok zusammen mit einer geregelten Hafen- und Verkehrswirtschaft des gesamten Landes auf den Außenhandel und damit auch auf die Binnenwirtschaft des Landes haben wird.

12. Zusammenfassung.

Ich habe mich bemüht, im Vorstehenden einen möglichst geschlossenen Bericht über die Planung des neuen Seehafens Bangkok mit dem Zufahrtskanal vom Golf von Thailand geben.

Es ist für jeden Ingenieur eine Selbstverständlichkeit, daß die Grundlage jeder technischen Planung das genaue Studium der wirtschaftlichen Bedingungen bilden muß. Wir haben gesehen, wie vorteilhaft die wirtschaftliche Zukunft des Landes mit seinen großen Vorräten an Bodenschätzen und Naturerzeugnissen sich gestalten kann. Viele Jahre werden noch vergehen, um sie zu erschließen und nutzbar zu machen. Es war der richtige Entschluß der Regierung, den bestehenden wirtschaftlichen Bedingungen entsprechend, das Tor zum Weltverkehr mit dem neuen Seehafen Bangkok zu öffnen und es so ausbaufähig zu gestalten, daß es mit den wachsenden Verhältnissen jeweils leicht erweitert werden kann.

Die technische Seite bietet bei den ungünstigen Boden- und Naturverhältnissen viele Schwierigkeiten, die aber in gemeinsamer Zusammenarbeit zwischen Thai- und europäischen Ingenieuren gemeistert werden können. Wie diese gelöst werden, wird die nächste Veröffentlichung darlegen. Möge das Werk unter einem glücklichen Stern seiner Vollendung entgegengehen.

Schrifttum zur weiteren Unterrichtung über Hafenfragen in Thailand.

1. Agatz, A : Peil- und Vermessungsboote für Siam. Werft Reed. Hafen 20 (1939) S. 213.
2. Credner, W.: Siam, das Land der Tai. Stuttgart 1935.
3. Ellis, S. H.: The Construction of River Wharves: Bangkok. Dock and Harbour 6 (1926/27) S. 166.
4. Oberkommando der Kriegsmarine, Handbuch für das Südchinesische Meer. Berlin 1928. Nachtrag 1937.
5. Oberkommando der Kriegsmarine, Handbuch für Ceylon und die Malakkastraße. Berlin 1927.
6. Bangkok bar tide tables 1938, 1939, 1940. Hydrographic Service, Bangkok.
7. League of Nations, Advisory and technical Committee for communications and transit. Improvement of the Port of Bangkok and its approaches. Report by the Committee of experts appointed by the League of Nations. Bangkok 1935.
8. Ministry of Commerce and Communications, Bangkok — Commercial Directory for Siam 1929.
9. Ministry of Economic Affairs, Bangkok — Commercial Directory for Siam. 4. Ausgabe 1939.
10. The directory for Bangkok and Siam 1937—39 (B. E. 2480).
11. Statistical Year Book — Siam 1935/36 und 1936/37.
12. Thailand, Staatliche Lenkung der Wirtschaft, Wirtschaftsdienst 26 (1941) S. 129.

Inhaltsverzeichnis.